U0292723

零件测量

主　编　徐　俊　张　磊
副主编　吴　喆　刘雪倩　侍欢迎

哈尔滨工程大学出版社
Harbin Engineering University Press

内 容 简 介

本书根据职业教育理实一体化课程改革的指导思想编写而成,强调以实践为主,理论为辅,筛选典型的工作任务,选择贴近生产实际的案例设计课程内容,让学生在做的过程中掌握解决问题的方法和技能。

本书参考了相应现行国家标准,每个任务都遵循"任务导入—任务描述—任务分析—知识链接—任务实施—任务评价"这一完整的教学过程,教师是这一教学过程的组织者与协调者,使学生在快乐学习中掌握相关知识。

本书可作为机械类相关专业课程教材,也可作为相关专业人士的参考用书。

图书在版编目(CIP)数据

零件测量／徐俊,张磊主编. —哈尔滨 : 哈尔滨
工程大学出版社,2020.4
ISBN 978 - 7 - 5661 - 2623 - 8

Ⅰ. ①零… Ⅱ. ①徐… ②张… Ⅲ. ①机械元件 - 测量 Ⅳ. ①TG801

中国版本图书馆 CIP 数据核字(2020)第 047869 号

选题策划 史大伟 薛 力
责任编辑 王俊一 马毓聪
封面设计 李海波

出版发行 哈尔滨工程大学出版社
社 址 哈尔滨市南岗区南通大街 145 号
邮政编码 150001
发行电话 0451 - 82519328
传 真 0451 - 82519699
经 销 新华书店
印 刷 哈尔滨市石桥印务有限公司
开 本 787 mm×1 092 mm 1/16
印 张 9
字 数 230 千字
版 次 2020 年 4 月第 1 版
印 次 2020 年 4 月第 1 次印刷
定 价 30.00 元
http://www.hrbeupress.com
E-mail:heupress@ hrbeu.edu.cn

前　言

根据《国家中长期教育改革和发展规划纲要(2010—2020年)》的精神,为推进职业教育课程改革和教材建设进程,实现理实一体化课程改革理念,本书的编写以任务课程为职业教育课程改革的主导理念,以工作任务为课程设置与内容选择的参照点,以任务为单位组织内容,并以任务活动为主要学习方式。本书是机械类各专业必修的基础课程教材。

本书的主要特色如下。

(1)强调以实践为主,理论为辅。

(2)以能力为本位,以就业为导向,面向贴近生产实际的教学任务。

(3)体现从做中学的教学理念。

(4)以5张测量图纸为综合训练案例,以5个实际典型工作任务为教学内容,教会学生完成任务所需的知识与技能,并使其可举一反三。

本书是校企合作共同开发的教材,适合与机械相关专业教学使用,同时也是上海市"星光计划"训练与竞赛相关项目。

在编写过程中,编者参阅了国内出版的有关教材和资料,在此一并表示衷心感谢! 由于编者水平有限,书中不妥之处在所难免,恳请读者批评指正。

编　者

2020年2月

目　录

项目 1　测量技术基础知识

项目导入

在机械制造业中,测量与加工犹如自行车的两个轮子,缺一不可。做好零件检验工作是保证机械制造质量的必要条件。

机械测量技术是机械制造业发展的先决条件和不可缺少的技术基础,能够规范、熟练地对产品进行正确、有效的测量,是机械加工技术人员必备的能力。机械加工相关的各个岗位,如机械加工员、质量检验员、班组长、车间主任及质检部主任,需要在零件加工的各个环节对工件进行有效的检测。

任务 1.1　测量技术基础知识

1.1.1　任务导入

在工厂的装配车间(图 1.1.1)经常看到这样的场景:装配工人从一批相同规格的零件中任意取出一个装到机器上,装配好后机器就可以正常工作。

图 1.1.1　工厂的装配车间

在日常生活中也有不少这样的例子,如自行车、缝纫机的某个零件损坏后,买一个相同规格的零件,装配好以后就可以正常使用。这是为什么呢? 原因就是这些零件具有互换性。

1.1.2　任务描述

本次任务我们需要完成设备中的螺母的更换。

1.1.3　任务分析

本次任务中,我们需要完成螺母的技术参数识别、选型及更换,在此过程中我们的选择依据、使用便捷程度得益于螺母的互换性与标准化。

【思考与练习】

螺母的互换性类型属于＿＿＿＿＿＿＿＿互换性。

1.1.4　知识链接

1. 互换性

(1)互换性的概念

在机械中,互换性可以分为广义互换性和狭义互换性。广义互换性是指机器的零部件各种性能都达到使用要求,如性能参数中的精度、强度、刚度、硬度、使用寿命、抗腐蚀性、导电性等,均能满足机器的功能要求;狭义互换性是指机器的零部件只能满足几何参数方面的要求,如尺寸、形状和表面粗糙度等。

通俗地讲,我们可以这样定义互换性:同一规格的一批零部件,任取其一,不经任何挑选和修配就能装在机器上,并能满足其使用功能要求的特性。

互换性按其互换程度分为完全互换和不完全互换。

一批规格相同的零部件在加工好以后,装配(或更换)前不需要经过挑选、调整和修配等辅助处理,在几何参数上具有互相替换的性能,满足使用要求,称为完全互换。完全互换应用于中等精度、批量生产。

规格相同的零部件加工完以后,在装配(或更换)前需要经过挑选、调整或修配等辅助处理,在几何参数上才具有互相替换的性能,称为不完全互换。零部件厂际协作应采用完全互换,部件或构件在同一厂制造和装配时,可采用不完全互换。不完全互换应用于高精度或超高精度、小批量或单件生产。

当装配精度要求较高时,采用完全互换将使零部件制造精度要求很高,难以加工,成本升高。这时,可以根据生产批量、精度要求、结构特点等具体条件,或者采用分组互换法,或者采用调整互换法,或者采用修配互换法进行处理。这样做既可满足装配精度和使用要求,又能适当地放宽加工公差要求,降低零部件加工难度,降低成本。

(2)互换性的意义

①设计方面:可以最大限度地采用标准件、通用件和标准部件,大大简化了绘图和计算工作,缩短了设计周期,并有利于计算机辅助设计和产品的多样化。

②制造方面:有利于组织专业化生产,便于采用先进工艺和高效率的专用设备,有利于计算机辅助制造,有利于实现加工过程和装配过程机械化、自动化。

③使用维修方面:减少了机器的使用和维修的时间和费用,提高了机器的使用价值。

在生产实际中不可避免地会产生加工误差,为了满足预定的互换性要求,会把零部件的几何参数控制在一定范围内。这个允许的误差称为尺寸公差,简称公差。因此,为了使零部件具有互换性,首先必须对几何参数提出公差要求,只有满足公差要求的合格零件才能实现互换。

2. 标准和标准化

使具有互换性的产品几何参数完全一致是不可能的,也是不必要的。在此情况下,要使同种产品具有互换性,只能使其几何参数、功能参数充分近似。其近似程度可按产品质量要求的不同而不同。现代化生产的特点是品种多、规模大、分工细和协作多,为使社会生产有序地进行,必须通过标准化使产品规格、品种减少,使分散的、局部的生产环节相互协调和统一。

标准是对重复性事物和概念所做的统一规定,它以科学、技术和实践经验的综合成果为基础,经有关方面协商一致,由主管机构批准,以特定形式发布,作为共同遵守的准则和依据。

标准按不同的级别颁发。我国标准分为国家标准、行业标准、地方标准和企业标准。对需要在全国范围内统一的技术要求,应当制定国家标准,代号为 GB;对没有国家标准而又需要在全国某个行业范围内统一的技术要求,可制定行业标准,如机械标准(代号 JB)等;对没有国家标准和行业标准而又需要在某个范围内统一的技术要求,可制定地方标准或企业标准,它们的代号分别为 DB、QB。

在国际上,为了促进世界各国在技术上的统一,成立了国际标准化组织(International Standardization Organization, ISO)和国际电工委员会(International Electrotechnical Commission, IEC),由这两个组织负责制定和颁发国际标准。我国于 1978 年重新加入 ISO 组织后,陆续修订了自己的标准,修订的原则是:在立足我国生产实际的基础上向 ISO 靠拢,以利于加强我国在国际上的技术交流和产品互换。

标准化的定义:标准化是指标准的制定、发布和贯彻实施的全部活动过程,包括调查标准化对象,试验、分析和综合归纳,制定和贯彻标准,修订标准,等等。标准化是以标准的形式体现的,是一个不断循环、不断提高的过程。

标准化的意义:标准化是组织现代化生产的重要手段,是实现互换性的必要前提,是国家现代化水平的重要标志之一。它对人类进步和科学技术发展起着巨大的推动作用。

3. 优先数和优先数系

GB 321—2005《优先数和优先数系》中规定以十进制等比数列为优先数系,并规定了五个系列,它们分别用系列符号 R5、R10、R20、R40 和 R80 表示,前四个系列为基本系列,R80 为补充系列,仅用于分级很细的特殊场合。

这五个系列的任一个项值均为优先数。按公比计算得到的优先数的理论值,除 10 的整数幂外,都是无理数,工程技术上不能直接应用,实际应用的都是修正后的近似值。根据修正的精确程度,其可分为计算值和常用值。

(1)计算值:取五位有效数字,供精确计算用。

(2)常用值:即经常使用的通常所称的优先数,取三位有效数字。

4. 检测

完工后的零件是否满足公差要求,要通过检测加以判断。检测包含检验与测量。

(1)检验:确定零件的几何参数是否在规定的极限范围内,并做出是否合格的判断,而不必得出被测量的具体数值。

(2)测量:将被测量与作为计量单位的标准量进行比较,以确定被测量的具体数值。

检测不但用于评定产品质量,而且用于分析产生不合格品的原因,从而及时调整生产,监督工艺过程,预防废品产生。检测是机械制造的"眼睛"。产品质量的提高,除设计和加工精度的提高外,往往更有赖于检测精度的提高。所以,合理地确定公差与正确进行检测,是保证产品质量、实现互换性生产的两个必不可少的条件。

5. 机械精度设计概述

一般来说,在机械产品的设计过程中,需要进行以下三方面的分析计算。

(1)运动的分析与计算。根据机器或机构应实现的运动,由运动学原理确定机器或机构的合理的传动系统,选择合适的机构或元件,以保证实现预定的动作,满足机器或机构运动方面的要求。

(2)强度的分析与计算。根据强度等方面的要求,决定各个零件的合理的基本尺寸,进行合理的结构设计,使其在工作时能承受规定的负荷,达到强度和刚度方面的要求。

(3)几何精度的分析与计算。零件基本尺寸确定后,还需要进行精度计算,以决定产品各个部件的装配精度及零件的几何参数和公差。

机械精度设计原则如下。

(1)互换性原则:同种零件在几何参数方面能够互相替换。

(2)经济性原则:考虑因素包括工艺性、精度要求的合理性、选材的合理性、调整环节的合理性、工作寿命等。

(3)匹配性原则:根据各部分对机械精度影响程度的不同,对各部分提出不同的精度要求和恰当的精度分配,做到恰到好处。

(4)最优化原则:探求并确定各部分精度处于最佳协调状态的集合体,从而达到整体精度优化。

1.1.5 任务实施

步骤一 螺母的型号识别。

识别拆卸下来的螺母,将螺母技术参数填入表 1.1.1。

表 1.1.1 螺母技术参数

序号	外径	长度	螺纹规格	材质	螺距	其他
1						
2						
3						

步骤二　依据螺母技术参数完成螺母选型,并阐述可更换理由。

步骤三　按技术要求完成螺母更换。

1.1.6　任务评价

教师根据学生的完成情况对其进行评价。教师评价时可以采用提问的方式逐项评价,可以事先发给学生思考题。

1.1.7　补充知识

1. 测量过程

测量的目的是确定量值。测量的过程实际上就是将被测量与具有计量单位的标准量进行比较,确定其比值的过程。

完整的测量过程应包含被测对象、计量单位、测量方法和测量精度四个要素。

被测对象,在机械精度的检测中主要是有关几何精度方面的参数量,如尺寸公差、形状和位置公差、表面技术要求等。

计量单位指为定量表示同种量的量值而约定采用的标准量。我国在机械制造中,常以"毫米"为尺寸单位;在精密测量中,常以"微米"为尺寸单位。

测量方法指根据一定的测量原理,在实施测量过程中对测量原理的运用及其实际操作。测量方法也可以看作测量原理、测量器具和测量条件(环境和操作者)的总和。

测量精度指测量结果与真值的一致程度。当某量能被完善地确定并能排除所有测量上的缺陷时,通过测量所得到的量值为真值。

2. 测量器具

测量器具是量具、量规、测量仪器(简称量仪)和其他用于测量目的的测量装置的总称。

量具是用来测量或检验零件尺寸的器具,其结构比较简单,一般能直接指示出长度的单位或界限,通常没有放大装置,如量块(图1.1.2)、角尺、卡尺、千分尺(图1.1.3)等。

图 1.1.2　量块

量规是没有刻度的专用测量器具,用来检验零件尺寸和形位误差的综合结果,从而判断零件被测量的几何量是否合格。量规只能判断零件是否合格,而不能获得被测量的具体数值,如塞规(图1.1.4)、螺纹环规(图1.1.5)等。

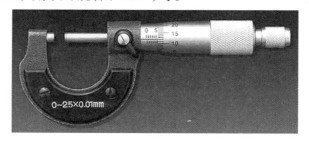

图1.1.3　千分尺

图1.1.4　塞规

图1.1.5　螺纹环规

量仪是用来测量零件或检定量具的仪器,其结构比较复杂,通常利用机械、光学、气动、电动等原理,将长度单位放大或细分进行测量,如水平仪、圆度仪、轮廓仪、万能工具显微镜等,合像水平仪如图1.1.6所示,偏摆检查仪如图1.1.7所示。

图1.1.6　合像水平仪　　　　　图1.1.7　偏摆检查仪

测量装置是为确定被测量所必需的测量器具和辅助设备的总体。测量器具可以按计量学的观点进行分类,也可以按其本身的结构、用途和特点进行分类。

3. 测量方法

在长度测量中,测量方法是根据被测对象的特点来选择和确定的。被测对象的特点主要指它的精度要求、几何形状、尺寸大小、材料性质及数量等。常用测量方法见表 1.1.2。

表 1.1.2　常用测量方法

分类方法	测量方法	含义	说明
是否直接测量被测量	直接测量	无须对被测量与其他实测量进行一定函数关系的辅助计算,直接得到被测量的量值的测量	测量精度只与测量过程有关,如用游标卡尺测量轴的直径、长度
	间接测量	通过直接测量与被测量有已知关系的其他量而得到该被测量的量值的测量	精确度不仅取决于有关参数的测量精度,且与所依据的计算公式有关
测量器具的读数是否直接表示被测量的量值	绝对测量	由测量器具的读数装置读出被测量的量值	如用千分尺测量零件的直径
	相对测量(又称比较测量)	测量器具的读数装置指示的值只是被测量对标准量的偏差,被测量的量值等于测量器具所指偏差与标准量的代数和	如用正弦规测量锥度
零件被测参数的多少	单项测量	对被测零件的某个参数进行单独测量	如单独测量螺纹中径或螺距
	综合测量	对被测零件的几个相关参数进行测量	如用螺纹极限量规检验螺纹
被测表面与测量器具的测头是否接触	接触测量	测量器具的测头直接与被测零件表面相接触得到测量结果	如用游标卡尺测量轴的直径、长度
	非接触测量	测量器具的测头与被测零件表面不直接接触(表面无测力存在),而是通过其他介质(如光、气流等)与零件接触得到测量结果	如用投影仪测量复杂零件的尺寸
测量在加工过程中的作用	被动测量	零件加工后进行的测量	测量结果仅限于发现并挑出废品
	主动测量	在零件加工过程中进行的测量	测量结果直接用来控制零件的加工过程,从而预防产生废品
被测零件在测量过程中的状态	静态测量	测量时零件被测表面与测量器具的测头是相对静止的	如用千分尺测量零件的直径
	动态测量	测量时零件被测表面与测量器具的测头之间有相对运动	如用激光丝杠动态检查仪测量丝杠

项目2 零件尺寸公差检测

任务2.1 轴套的检测

2.1.1 任务导入

要保证零件具有互换性,就必须保证零件的几何参数的准确性(即加工精度)。

由于机床精度、测量器具精度、操作工人技术水平及生产环境等诸多因素的影响,加工后得到的零件的几何参数会不可避免地偏离设计的理想要求而产生误差。

2.1.2 任务描述

对生产部加工的一批轴套(图2.1.1)进行完工检测,并判断其是否合格。

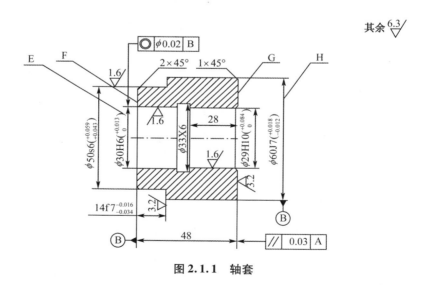

图2.1.1 轴套

任务要求:正确地识读图样,合理选择工、量具;采用正确的方法检测轴套尺寸,并判断其是否合格;检测完成后提交检测报告单。

2.1.3　任务分析

本次任务中,我们需要完成对零件的加工误差、公差与测量的认知,为后续学习奠定基础。

【思考与练习】

(1)零件的名称、材料、技术要求是什么?

(2)指出图 2.1.1 中的公称尺寸、上极限偏差、下极限偏差,并计算上极限尺寸、下极限尺寸和尺寸公差。

(3)写出至少两个确定公差带的因素。

2.1.4　知识链接

1. 加工误差

加工误差指零件加工后的实际几何参数与理想几何参数的偏离程度。加工精度和加工误差从不同的角度描述误差,加工误差的大小由实际测量得到的零件的偏离量来衡量,而加工精度的高低由公差等级或者公差值来衡量,并由加工误差的大小来控制。一般来说,只有加工误差小于公差才能保证加工精度。

零件的加工误差主要包括尺寸误差、宏观几何形状和位置误差、微观几何形状误差等。

(1)尺寸误差

零件加工后所测得的尺寸和规定的尺寸不一致,产生的差值是尺寸误差。

(2)宏观几何形状和位置误差

由于机床、夹具、刀具的几何形状误差及其相对运动的不协调,加工出来的零件表面形状与理想的几何形状不相符,产生宏观几何形状误差;零件的各部位之间的相互位置关系与理想位置不一致,产生位置误差。

(3)微观几何形状误差

在加工后,刀具在零件表面上会留下刀痕,即使经过精加工,肉眼观察为很光洁的表面,经过放大后观察,也可很清楚地看到表面的凸峰和凹谷,此即为微观几何形状误差。

2. 公差与测量

公差包括尺寸公差、几何公差、表面结构要求等。只有将零件的误差控制在相应的公差范围内,才能保证互换性的实现。

在现代化生产中,一种产品的制造往往涉及许多部门或企业,为适应各个部门或企业之间在技术上相互协调的要求,必须有一个统一的公差标准,以保证互换性生产的实现。

除制定和贯彻公差标准之外,要保证互换性在生产实践中实现,还必须有相应的测量技术和测量措施。如测量结果显示零件误差在公差范围内,则零件合格,能满足互换性的要求;如测量结果显示误差不在公差范围内,则零件不合格,也达不到互换性的要求。因此,对零件的测量是保证互换性的重要手段。零件加工过程中,加工误差是无法避免的。

公差是限定零件尺寸是否符合设计要求的标准,用以获取零件在装配或维修中的互换性,即相同设计尺寸的零件具有互换使用、互相调换的能力。

测量的结果可以用于分析产生不合格零件的原因,及时采取必要的工艺措施,提高加工精度,减少不合格产品,提高合格率,降低生产成本并提高生产效率。

3. 公差与极限偏差

关于公差与极限偏差的区别,可以从以下几个方面进行讨论。

(1)从数值上看,极限偏差是代数值,其正、负或零值是有意义的;而公差是允许的尺寸变动范围,是没有正负号的绝对值,也不能为零(零值意味着加工误差不存在,是不可能的)。实际计算时由于最大极限尺寸大于最小极限尺寸,故可省略绝对值符号。

(2)从作用上看,极限偏差用于控制实际偏差,是判断完工零件是否合格的根据,而公差则用于控制一批零件实际尺寸的差异程度。

(3)从工艺上看,对某一具体零件,公差大小反映了加工的难易程度,即加工精度的高低,它是制定加工工艺的主要依据;而极限偏差则是调整机床时决定切削工具与工件相对位置的依据。

公差与极限偏差的关系:公差是上、下极限偏差之代数差的绝对值,所以确定了两极限偏差也就确定了公差。

4. 基本定义

(1)有关尺寸的定义

尺寸指以特定单位表示线性尺寸值的数值,通常指两点之间的距离,由数字和特定单位两部分组成,包括长度、直径、半径、宽度、高度、深度、中心距宽度和中心距等。由尺寸的定义可知,尺寸由数值和特定单位组成。在机械制造中,常以毫米(mm)作为特定单位,依据 GB/T 4458.4—1984《机械制图 尺寸注法》的规定,图样上的尺寸单位为毫米(mm),如图 2.1.2 所示。

基本尺寸指设计时给定的尺寸。孔的基本尺寸用 D 表示,轴的基本尺寸用 d 表示。

标准尺寸指标准化的尺寸,适用于有互换性或系列化要求的主要尺寸。标准尺寸的作用是减少定值刀具、量具、型材和零件尺寸的规格。

实际尺寸指通过测量获得的尺寸,孔的实际尺寸用 D_a 表示,轴的实际尺寸用 d_a 表示。由于存在测量误差,实际尺寸并非尺寸的真值,如图 2.1.3 所示。

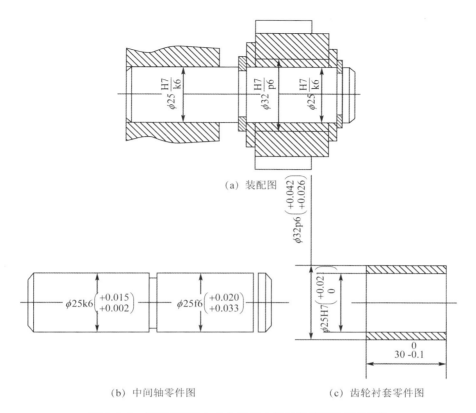

（a）装配图

（b）中间轴零件图　　　　　　　　　　　（c）齿轮衬套零件图

图 2.1.2　图样示例（车床主轴箱中间轴装配图和零件图）

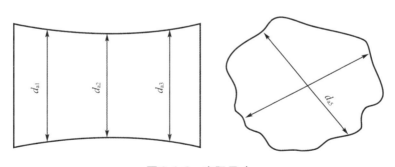

图 2.1.3　实际尺寸

　　实际尺寸包括零件毛坯的实际尺寸、零件加工过程中工序间的实际尺寸和零件制成后的实际尺寸。

　　极限尺寸是允许尺寸变化的两个界限值的统称。

　　最大极限尺寸指一个孔或轴允许的最大尺寸，孔的最大极限尺寸用 D_{max} 表示，轴的最大极限尺寸用 d_{max} 表示，如图 2.1.4 所示。

　　最小极限尺寸指一个孔或轴允许的最小尺寸，孔的最小极限尺寸用 D_{min} 表示，轴的最小极限尺寸用 d_{min} 表示，如图 2.1.5 所示。其计算过程如下。

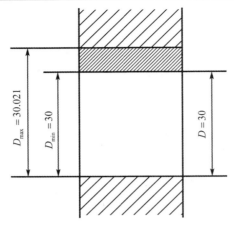

图 2.1.4　最大极限尺寸

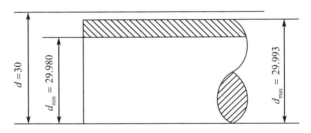

图 2.1.5　最小极限尺寸

$D = 30$ mm　　　　　　　$d = 30$ mm

$D_{max} = 30.021$ mm　　　$d_{max} = 29.993$ mm

$D_{min} = 30$ mm　　　　　$d_{min} = 29.980$ mm

分析：

①基本尺寸和极限尺寸是设计时给定的。

②实际尺寸可以在极限尺寸所确定的范围内，也可以在极限尺寸所确定的范围外，即实际尺寸可以大于、等于或小于极限尺寸。

③尺寸合格条件：最小极限尺寸≤实际尺寸≤最大极限尺寸。

在上述各种尺寸中，基本尺寸和极限尺寸是设计时给定的，实际尺寸是测量得到的。极限尺寸用于控制实际尺寸。孔或轴实际尺寸合格条件为

$$D_{min} \leqslant D_a \leqslant D_{max}$$
$$d_{min} \leqslant d_a \leqslant d_{max}$$

（2）有关孔和轴的定义

孔通常指工件的圆柱形内表面，也包括非圆柱形内表面（由两平行平面或切面形成的包容面）。

轴通常指工件的圆柱形外表面，也包括非圆柱形外表面（由两平行平面或切面形成的被包容面）。

从装配关系讲，孔是包容面，轴是被包容面。从加工过程看，随着余量的切除，孔的尺寸由小变大，轴的尺寸由大变小。孔和轴如图 2.1.6 所示。

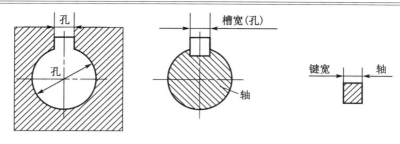

图 2.1.6　孔和轴

（3）有关偏差和公差的定义

①尺寸偏差

尺寸偏差是指某一尺寸(实际尺寸、极限尺寸等)减去其基本尺寸所得的代数差,其值可正,可负,也可为零。尺寸偏差值除零外,前面必须加上正号或负号。尺寸偏差分为实际偏差和极限偏差,而极限偏差又分为上偏差和下偏差。

实际偏差是实际尺寸减去其基本尺寸所得的代数差。孔和轴的实际偏差分别用符号 E_a 和 e_a 表示,计算公式为

$$E_a = D_a - D$$
$$e_a = d_a - d$$

极限偏差是极限尺寸减去其基本尺寸所得的代数差。最大极限尺寸减去其基本尺寸所得的代数差称为上偏差,孔和轴的上偏差分别用符号 ES 和 es 表示;最小极限尺寸减去其基本尺寸所得的代数差称为下偏差,孔和轴的下偏差分别用符号 EI 和 ei 表示,计算公式为

$$ES = D_{max} - D, \qquad es = d_{max} - d$$
$$EI = D_{min} - D, \qquad ei = d_{min} - d$$

极限偏差用于控制实际偏差。孔或轴实际偏差合格条件为

$$EI \leqslant E_a \leqslant ES$$
$$ei \leqslant e_a \leqslant es$$

②尺寸公差(简称公差)

尺寸公差是允许的尺寸变动量,等于最大极限尺寸与最小极限尺寸之差,或上偏差与下偏差之差,是一个没有符号的绝对值,且不能为零。孔和轴的尺寸公差分别用符号 T_h 和 T_s 表示,计算公式为

$$T_h = |D_{max} - D_{min}| = |ES - EI|$$
$$T_s = |d_{max} - d_{min}| = |es - ei|$$

5. 公差带图

图 2.1.7 分析了基本尺寸、极限尺寸、极限偏差及公差之间的相互关系。但有时公差和尺寸偏差的数值与实际尺寸数值相差甚远,不能用同一比例画在一张图上,这时可以采用公差带图清晰而直观地表示它们之间的关系,如图 2.1.8 所示。

在公差带图中,零线是用来表示基本尺寸的一条直线。零线以上尺寸偏差值为正,零线以下尺寸偏差值为负,零线上的尺寸偏差值为零。

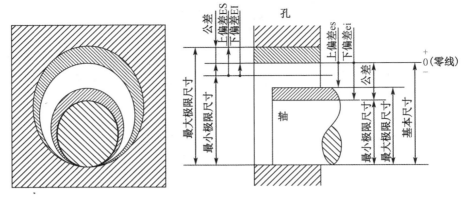

图 2.1.7　公差与配合示意图

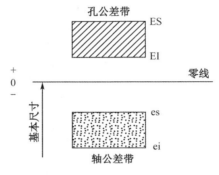

图 2.1.8　公差带图

尺寸公差带(简称公差带)是由代表上偏差和下偏差的两条直线所限定的一个区域。公差带在零线垂直方向上的宽度代表公差值,沿零线方向的长度可适当选取。通常,孔公差带用斜线表示,轴公差带用网点表示。

公差带图中,基本尺寸的单位为毫米(mm),极限偏差和公差的单位可为毫米(mm),也可为微米(μm)。

标准化的公差和偏差制度称为极限制,它是一系列标准的孔、轴公差数值和极限偏差数值。下面通过一个例子来说明一下。

【例 1 – 1】　已知:孔的基本尺寸 $D = 50$ mm,极限尺寸 $D_{max} = 50.025$,$D_{min} = 50$ mm;轴的基本尺寸 $d = 50$ mm,极限尺寸 $d_{max} = 49.950$ mm,$d_{min} = 49.934$ mm。现测得孔、轴的实际尺寸分别为 $D_a = 50.010$ mm,$d_a = 49.946$ mm。求孔、轴的极限偏差、实际偏差及公差,并画出公差带图。

解　(1)孔、轴的极限偏差

$ES = D_{max} - D = 50.025 - 50 = + 0.025$ mm

$EI = D_{min} - D = 50 - 50 = 0$

$es = d_{max} - d = 49.950 - 50 = - 0.050$ mm

$ei = d_{min} - d = 49.934 - 50 = - 0.066$ mm

（2）孔、轴的实际偏差

$E_a = D_a - D = 50.010 - 50 = + 0.010$ mm

$e_a = d_a - d = 49.946 - 50 = - 0.054$ mm

（3）孔、轴的公差

$T_h = |D_{max} - D_{min}| = |50.025 - 50| = 0.025$ mm

$T_s = |d_{max} - d_{min}| = |49.950 - 49.934| = 0.016$ mm

公差带图如图 2.1.9 所示。

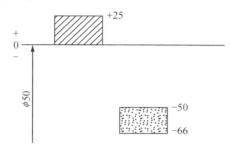

图 2.1.9 例 1 – 1 公差带图

6. 普通游标卡尺技术指标

（1）分度间距：又称刻度间距，测量器具的刻度尺或刻度盘上两相邻刻线中心的距离。

为便于观察读数，刻线一般做成刻度间距为 1 ~ 2.5 mm 的等距离刻线。刻度间距太小，会影响估读精度；刻度间距太大，会加大读数装置的轮廓尺寸。

（2）分度值：又称刻度值，是测量器具的刻度尺或刻度盘上两相邻刻线所代表的量值之差。

普通游标卡尺的分度值为 0.02 mm。分度值是一种测量器具所能直接读出的最小单位量值，它反映了读数精度的高低。一般来说，分度值越小，测量器具的精度越高。

（3）示值范围：由测量器具所显示或指示的最低值到最高值的范围。

普通游标卡尺的示值范围为 0 ~ 150 mm。

（4）测量范围：在允许误差极限内，测量器具所能测量的被测量值的下限值至上限值的范围。

普通游标卡尺的测量范围为 0 ~ 150 mm，与其示值范围相同。对于某些测量装置，测量范围包括示值范围，还包括装置的悬臂或尾座等的调节范围。

（5）示值误差：测量器具显示的数值与被测量的真值之差，是测量器具本身各种误差的综合反映。示值误差是代数值，有正、负之分。一般可用量块作为真值来检定出测量器具的示值误差。示值误差越小，测量器具的精度越高。

（6）示值变动性：在测量条件不变的情况下，对同一被测量进行多次（一般 5 ~ 10 次）测量，重复观察读数，其示值变化的最大差值。

（7）灵敏度：测量器具反映被测量变化的能力。

（8）回程误差：在相同条件下，被测量值不变，测量器具正反行程示值之差的绝对值。回程误差主要是由量仪传动元件之间的间隙、量仪传动元件的变形和摩擦等导致的。

（9）测量力：在接触式测量过程中，测量器具测头与被测工件表面间的接触压力。测量力太大会引起弹性变形,测量力太小会影响接触的稳定性。较好的测量器具一般均设置测量力控制装置。

（10）不确定度:由于测量器具的误差而对被测量值不能肯定的程度,一般包括测量器具的示值误差、回程误差等,是一个综合指标。

7. 游标卡尺的结构和读数方法

游标卡尺是一种常用的量具,具有结构简单、使用方便和测量的尺寸范围大等特点,可以用它来测量零件的外径、内径、长度、宽度、厚度、深度和孔距等,应用范围很广。

（1）游标卡尺的结构

游标卡尺主要由一条主尺和一条可以沿着主尺滑动的游标尺（也称游标）构成。左测量爪固定在主尺上并与主尺垂直,右测量爪固定在游标尺上并可随游标尺一起沿主尺滑动,左测量爪与右测量爪平行。利用主尺上方的一对测量爪可以测量槽的宽度和管的内径,利用主尺下方的一对测量爪可以测量零件的厚度和管的外径;利用固定在游标尺上的深度尺可以测量槽和筒的深度,如图 2.1.10 所示。

常用游标卡尺有 0 ~ 125 mm、0 ~ 180 mm、0 ~ 200 mm 和 0 ~ 300 mm 等规格。

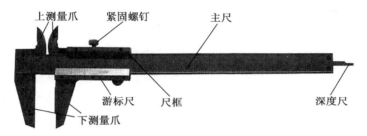

图 2.1.10　普通游标卡尺

（2）游标卡尺的读数方法

游标卡尺是一种比较精密的测量长度的仪器,常用的游标卡尺按测量精度分为三种,其测量精度分别为 0.1 mm、0.05 mm 和 0.02 mm。其中,最为常用的是测量精度为 0.02 mm 的游标卡尺,如图 2.1.11 所示。

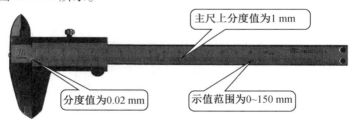

图 2.1.11　普通游标卡尺读数方法

现以分度值为 0.02 mm 的游标卡尺为例说明其读数方法和步骤。

0.02 mm(1/50)精度游标卡尺主尺刻度线每格为 1 mm,游标刻线总长为 49 mm,并等分为 50 格,因此每格为 49/50 = 0.98 mm,则主尺和游标刻度线每格相对之差为 1 − 0.98 = 0.02 mm,所以它的测量精度为 0.02 mm。

读整数：读数时首先以游标零刻度线为准在主尺上读取毫米整数，即以毫米为单位的整数部分。

读小数：看游标上第几条刻度线与主尺的刻度线对齐，如第6条刻度线与主尺的刻度线对齐，则小数部分即为0.12 mm（若没有正好对齐的刻度线，则取最接近对齐的刻度线进行读数）。

判断游标上哪条刻度线与主尺刻度线对准，可用下述方法：选定相邻的三条线，如左侧的线在主尺对应刻度线之右，右侧的线在主尺对应刻度线之左，中间那条刻度线便可以认为是对准了的。

实测值：将从主尺上读取的整数和从游标上读取的小数相加，即为实测值。

8. 游标卡尺使用注意事项

（1）使用前，零位校准。

①松开尺框上紧固螺钉，将尺框平稳拉开，用布将测量面、导向面擦干净；

②检查零位：轻推尺框，使卡尺两个测量爪测量面合并，游标零刻度线与主尺零刻度线应对齐，游标尾刻度线与主尺相应刻度线应对齐，否则应送计量室或有关部门调整。

（2）测量内孔尺寸时，测量爪应在孔的直径方向上测量。测量深度尺寸时，应使深度尺杆与被测工件底面相垂直。

（3）轻拿轻放。

（4）不要把游标卡尺当作卡钳、螺丝扳手或其他工具使用。

（5）游标卡尺使用完毕必须擦净上油，两个上测量爪间保持一定的距离，拧紧紧固螺钉，放回游标卡尺盒内。

（6）不得将游标卡尺放在潮湿、湿度变化大的地方。

2.1.5　任务实施

步骤一　选择并领取工、量具。

依据轴套检测的技术要求，选取工、量具，并填写工、量具领用单，领取工、量具。

步骤二　使用游标卡尺检测轴套尺寸。

测量前的准备工作。

（1）将游标卡尺和被测工件表面的油污、灰尘用软布擦干净。

（2）拉动游标，检查滑动是否灵活，有无卡死现象，紧固螺钉能否正常使用。

（3）合拢测量爪，检查测量爪间是否透光，检查游标零刻度线与主尺零刻度线是否对齐。

测量方法。

（1）将被测工件擦干净，使用游标卡尺时轻拿轻放。

（2）松开游标卡尺的紧固螺钉，校准零位，移动下测量爪使两个下测量爪之间距离略大于被测工件。

（3）一只手拿住游标卡尺的尺框，将被测工件置于两个下测量爪之间，另一只手推动活动下测量爪至活动下测量爪与被测工件接触为止。

（4）读数。

步骤三　填写轴套尺寸测量值记录表。

填写轴套尺寸测量值记录表(表2.1.1),判断轴套尺寸是否合格。

表2.1.1　轴套尺寸测量值记录表

序号	图样尺寸	实测尺寸1	实测尺寸2	实测尺寸3	平均值	是否合格
1						
2						
3						
4						
5						
6						
7						
8						

步骤四　填写并提交检测报告单。

2.1.6　任务评价

完成检测工作后,结合测评表(表2.1.2)进行自评,对出现的问题查找原因,并提出改进措施。

表2.1.2　测评表

评价内容	测评标准	自评结果	判定结果	教师测评
	15			
	15			
	10			
	15			
	10			
	10			
	15			
	10			
最终得分				

说明:
(1)检测过程中,操作不当、不规范,扣10分;
(2)操作过程中出现不文明生产行为,根据情况扣5～10分;
(3)尺寸检测不正确,扣5分;
(4)不符合6S管理要求,根据情况扣分。

任务 2.2　接头的检测

2.2.1　任务导入

零件图的标注中,有尺寸公差标注,也有各种符号、代号。这些符号、代号有什么作用和含意呢? 本任务为通过一个实际零件检测过程学习、体会相关内容。

2.2.2　任务描述

对一批接头进行完工检测,判断其是否合格。

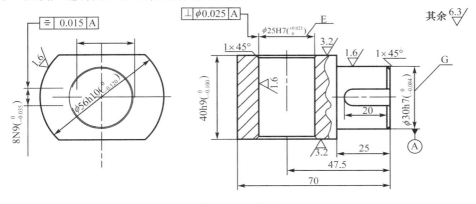

图 2.2.1　接头

任务要求:正确地识读图样,合理选择工、量具;采用正确的方法检测接头,并判断其是否合格;检测完成后提交检测报告单。

2.2.3　任务分析

本次任务中,需要完成对接头的检测,为后续学习奠定基础。

【思考与练习】

1. 指出图 2.2.1 中的径向尺寸、轴向尺寸分别是什么,并查阅相关资料说明尺寸公差有哪些标注方法。

2. 依据资料说明如何区别孔和轴的基本偏差代号。

3. 说明公差代号的含义,通过查表法了解常见尺寸的上极限偏差、下极限偏差。

4. 查阅线性尺寸一般公差数值表,确定图 2.2.1 中未标注尺寸的极限偏差。

5. 分析不同尺寸要求的尺寸范围,并依据尺寸范围要求选择合适的测量器具。

2.2.4 知识链接

1.尺寸公差的标注方法

零件图上标注的尺寸是加工和检验零件的重要依据,是零件图的重要内容之一,是零件图指令性最强的部分。

在零件图上标注尺寸,必须做到正确、完整、清晰、合理。所标注的尺寸既要符合设计要求,又要符合生产实际,便于加工和检测,并有利于装配。

尺寸标注一般由尺寸数字、尺寸界线、单位和公差要求组成。零件尺寸标注的方法一般有三种:第一种是公称尺寸后面标注公差,用这种方法标注的尺寸容易识读,十分便利;第二种是在公称尺寸后面标注字母和数字,如 $\phi44h6$、$\phi20H6$、16K8 等,这样就组成了公差代号,这种标注方法能清晰地表达公差带的性质,但要查表才能确定上、下偏差的数值;还有一种方法就是在公称尺寸后面不添加任何公差要求,如 85 mm、10 mm。

2.公差代号的识读

标注公差代号与标注上偏差和下偏差的作用是一样的。国家标准规定:一个完整的尺寸公差代号是由公称尺寸、基本偏差代号和公差等级数字组成的。图 2.2.2 为公差代号标注示例。

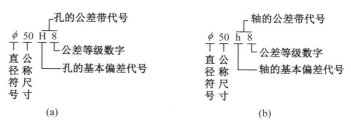

图 2.2.2 公差代号标注示例

①基本偏差代号

基本偏差指用于确定公差带相对零线位置的上偏差或下偏差,一般指靠近零线的那个极限偏差,如图 2.2.3 所示。

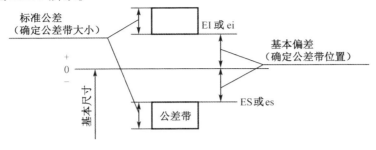

图 2.2.3　基本偏差

当公差带在零线的上方时,基本偏差为下偏差;当公差带在零线的下方时,基本偏差为上偏差。

基本偏差代号用拉丁字母表示,孔的基本偏差用大写字母表示,轴的基本偏差用小写字母表示,共 28 个。可以按以下方法记忆:26 个字母中去掉 I、L、O、Q、W(i、l、o、q、w)5 个字母,再增加 7 对双字母 CD、EF、FG、JS、ZA、ZB、ZC(cd、ef、fg、js、za、zb、zc)。

虽然基本偏差既可为上偏差,又可为下偏差,但对一个公差带只能规定上、下偏差中的一个为基本偏差。

基本偏差系列图如图 2.2.4 所示,它表达出了公称尺寸相同的 28 种孔、轴的基本偏差相对于零线的位置关系。基本偏差系列图只能表达出公差带的位置,不能表达出公差的大小。图 2.2.4 中公差带平行于零线的方向只有一端画了线,另一端是开口的,开口端的极限偏差是由标准公差值决定的。

从基本偏差系列图中可以看出:孔的基本偏差 A ~ H 和轴的基本偏差 k ~ zc 为下偏差;孔的基本偏差 K ~ ZC 和轴的基本偏差 a ~ h 为上偏差,JS 和 js 的公差带对称分布于零线两边。

②公差等级数字

为确定尺寸精确程度的等级,引入一个新的概念,那就是公差等级。不同零件和零件上不同部位的尺寸对精确程度的要求往往是不同的,为满足生产需求,国家标准中设置了 20 个公差等级,各公差等级代号依次为 IT01、IT0、IT1、IT2、IT3、IT4、IT5、IT6、IT7、IT8、IT9、IT10、IT11、IT12、IT13、IT14、IT15、IT16、IT17、IT18。“IT”表示标准公差,后面的阿拉伯数字表示等级。其中,IT01 精度最高,其余等级精度依次降低,IT18 精度最低。

公差等级越高,公差值越小,零件的精度越高,使用性能越稳定,但加工制造难度越高、生产成本越高。因此,从产品经济性的角度考虑,选择公差等级时需要考虑“够用”原则,在满足使用性能要求的前提下兼顾经济性。

那么,公差等级对应的具体上、下偏差值(也就是标准公差值)是多少呢? 标准公差值与公差等级和公称尺寸有关,通过这两个要素就可查出对应的标准公差值,见表 2.2.1。

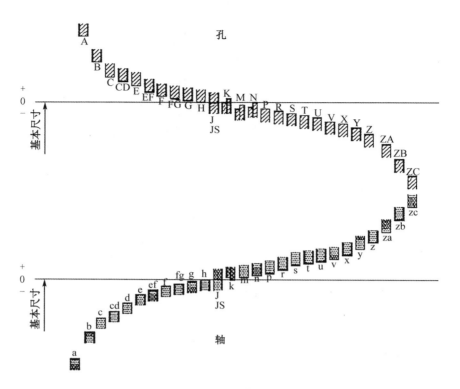

图 2.2.4　基本偏差系列图

表 2.2.1　标准公差值(基本尺寸 6 ~ 500 mm)

基本尺寸/mm	公差等级							
	IT5	IT6	IT7	IT8	IT9	IT10	IT11	IT12
6 ~ 10	6	9	15	22	36	58	90	150
10 ~ 18	8	11	18	27	43	70	110	180
18 ~ 30	9	13	21	33	52	84	130	210
30 ~ 50	11	16	25	39	62	100	160	250
50 ~ 80	13	19	30	46	74	120	190	300
80 ~ 120	15	22	35	54	87	140	220	350
120 ~ 180	18	25	40	63	100	160	250	400
180 ~ 250	20	29	46	72	115	185	290	460
250 ~ 315	23	32	52	81	130	210	320	520
315 ~ 400	25	36	57	89	140	230	360	570
400 ~ 500	27	40	63	97	155	250	400	630

　　公差等级是划分尺寸精确程度高低的标志。虽然同一公差等级不同公称尺寸的标准公差值不同,对应上、下偏差值也不同,但其尺寸精确程度是同等级的。也就是说,无论标准公差值是否相等,只要公差等级相同,尺寸精确程度就相同。

（3）查表法确定极限偏差数值

表 2.2.2 为轴类极限偏差表，表 2.2.3 为孔类极限偏差表。利用查表法能很快地确定孔和轴的极限偏差数值。

表 2.2.2　轴类极限偏差表

直径区分/mm		b	c	d	e	f	g	h			js		k	m	n	p	r	s	t	u
大于	至	b9	c9	d8	e8	f7	g6	h6	h7	h8	js6	js7	k6	m6	n6	p6	r6	s6	t6	u6
—	3	-140/-165	-60/-85	-20/-34	-14/-28	-6/-16	-2/-8	0/-6	0/-10	0/-14	±3	±5	+6/0	+8/+2	+10/+4	+12/+6	+16/+10	+20/+14		+24/+18
3	6	-140/-170	-70/-100	-30/-48	-20/-38	-10/-22	-4/-12	0/-8	0/-12	0/-18	±4	±6	+9/+1	+12/+4	+16/+8	+20/+12	+23/+15	+27/+19		+31/+23
6	10	-150/-186	-80/-116	-40/-62	-25/-47	-13/-28	-5/-14	0/-9	0/-15	0/-22	±4.5	±7	+10/+1	+15/+6	+19/+10	+24/+15	+28/+19	+32/+23		+37/+28
10	14	-150/-193	-95/-138	-50/-77	-32/-59	-16/-34	-6/-17	0/-11	0/-18	0/-27	±5.5	±9	+12/+1	+18/+7	+23/+12	+29/+18	+34/+23	+39/+28		+44/+33
14	18	-150/-193	-95/-138	-50/-77	-32/-59	-16/-34	-6/-17	0/-11	0/-18	0/-27	±5.5	±9	+12/+1	+18/+7	+23/+12	+29/+18	+34/+23	+39/+28		+44/+33
18	24	-160/-212	-110/-162	-65/-98	-40/-73	-20/-41	-7/-20	0/-13	0/-21	0/-33	±6.5	±10	+15/+2	+21/+8	+28/+15	+35/+22	+41/+28	+48/+35		+54/+41
24	30	-160/-212	-110/-162	-65/-98	-40/-73	-20/-41	-7/-20	0/-13	0/-21	0/-33	±6.5	±10	+15/+2	+21/+8	+28/+15	+35/+22	+41/+28	+48/+35	+54/+41	+61/+48
30	40	-170/-232	-120/-182	-80/-119	-50/-89	-25/-50	-9/-25	0/-16	0/-25	0/-39	±8	±12	+18/+2	+25/+9	+33/+17	+42/+26	+50/+34	+59/+43	+64/+48	+76/+60
40	50	-180/-242	-130/-192	-80/-119	-50/-89	-25/-50	-9/-25	0/-16	0/-25	0/-39	±8	±12	+18/+2	+25/+9	+33/+17	+42/+26	+50/+34	+59/+43	+70/+54	+86/+70
50	65	-190/-264	-140/-214	-100/-146	-60/-106	-30/-60	-10/-29	0/-19	0/-30	0/-46	±9.5	±15	+21/+2	+30/+11	+39/+20	+51/+32	+60/+41	+72/+53	+85/+66	+106/+87
65	80	-200/-274	-150/-224	-100/-146	-60/-106	-30/-60	-10/-29	0/-19	0/-30	0/-46	±9.5	±15	+21/+2	+30/+11	+39/+20	+51/+32	+62/+43	+78/+59	+94/+75	+121/+102
80	100	-220/-307	-170/-257	-120/-174	-72/-126	-36/-71	-12/-34	0/-22	0/-35	0/-54	±11	±17	+25/+3	+35/+13	+45/+23	+59/+37	+73/+51	+93/+71	+113/+91	+146/+124
100	120	-240/-327	-180/-267	-120/-174	-72/-126	-36/-71	-12/-34	0/-22	0/-35	0/-54	±11	±17	+25/+3	+35/+13	+45/+23	+59/+37	+76/+54	+101/+79	+126/+104	+166/+144

表 2.2.2（续）

直径区分/mm		b	c	d	e	f	g	h			js		k	m	n	p	r	s	t	u
120	140	−260 −360	−200 −300														+88 +63	+117 +92	+147 +122	+195 +170
140	160	−280 −380	−210 −310	−145 −208	−85 −148	−43 −83	−14 −39	0 −25	0 −40	0 −63	± 12.5	±20	+28 +3	+40 +15	+52 +27	+68 +43	+90 +65	+125 +100	+159 +134	+215 +190
160	180	−310 −410	−230 −330														+93 +68	+133 +108	+171 +146	+235 +210
180	200	−340 −455	−240 −355														+106 +77	+151 +122	+195 +166	+265 +236
200	225	−380 −495	−260 −375	−170 −242	−100 −172	−50 −96	−15 −44	0 −29	0 −46	0 −72	± 14.5	±23	+33 +4	+46 +17	+60 +31	+79 +50	+109 +80	+159 +130	+209 +180	+287 +258
225	250	−420 −535	−280 −395														+113 +84	+169 +140	+225 +196	+313 +284
250	280	−480 −610	−300 −430	−190 −271	−110 −191	−56 −108	−17 −49	0 −32	0 −52	0 −81	±16	±26	+36 +4	+52 +20	+66 +34	+88 +56	+126 +94	+190 +158	+250 +218	+347 +315
280	315	−540 −670	−330 −460														+130 +98	+202 +170	+272 +240	+382 +350
315	355	−600 −740	−360 −500	−210 −299	−125 −214	−62 −119	−18 −54	0 −36	0 −57	0 −89	±18	±28	+40 +4	+57 +21	+73 +37	+98 +62	+144 +108	+226 +190	+304 +268	+426 +390
355	400	−680 −820	−400 −540														+150 +114	+244 +208	+330 +294	+471 +435
400	450	−760 −915	−440 −595	−230 −327	−135 −232	−68 −131	−20 −60	0 −40	0 −63	0 −97	±20	±31	+45 +5	+63 +23	+80 +40	+108 +68	+166 +126	+272 +232	+370 +330	+530 +490
450	500	−840 −995	−480 −635														+172 +132	+292 +252	+400 +360	+580 +540

表 2.2.3　孔类极限偏差表

直径区分/mm		B	C	D	E	F	G	H			JS		K	M	N	P	R	S	T	U
大于	至	B9	C9	D8	E8	F7	G6	H6	H7	H8	JS6	JS7	K6	M6	N6	P6	R6	S6	T6	U6
—	3	+165 +140	+85 +60	+34 +20	+28 +14	+16 +6	+8 +2	+6 0	+10 0	+14 0	±3	±5	0 −6	−2 −8	−4 −10	−6 −12	−10 −16	−14 −20		−18 −24
3	6	+170 +140	+100 +70	+48 +30	+38 +20	+22 +10	+12 +4	+8 0	+12 0	+18 0	±4	±6	+2 −6	−1 −9	−5 −13	−9 −17	−12 −20	−16 −24		−20 −28

表 2.2.3(续)

直径区分 /mm		B	C	D	E	F	G	H			JS		K	M	N	P	R	S	T	U
6	10	+186 +150	+116 +80	+62 +40	+47 +25	+28 +13	+14 +5	+9 0	+15 0	+22 0	±4.5	±7	+2 -7	-3 -12	-7 -16	-12 -21	-16 -25	-20 -29		-25 -34
10	14	+193 +150	+138 +95	+77 +50	+59 +32	+34 +16	+17 +6	+11 0	+18 0	+27 0	±5.5	±9	+2 -9	-4 -15	-9 -20	-15 -26	-20 -31	-25 -36		-30 -41
14	18	+193 +150	+138 +95	+77 +50	+59 +32	+34 +16	+17 +6	+11 0	+18 0	+27 0	±5.5	±9	+2 -9	-4 -15	-9 -20	-15 -26	-20 -31	-25 -36		-30 -41
18	24	+212 +160	+162 +110	+98 +65	+73 +40	+41 +20	+20 +7	+13 0	+21 0	+33 0	±6.5	±10	+2 -11	-4 -17	-11 -24	-18 -31	-24 -37	-31 -44		-37 -50
24	30	+212 +160	+162 +110	+98 +65	+73 +40	+41 +20	+20 +7	+13 0	+21 0	+33 0	±6.5	±10	+2 -11	-4 -17	-11 -24	-18 -31	-24 -37	-31 -44	-37 -50	-44 -57
30	40	+232 +170	+182 +120	+119 +80	+89 +50	+50 +25	+25 +9	+16 0	+25 0	+39 0	±8	±12	+3 -13	-4 -20	-12 -28	-21 -37	-29 -45	-38 -54	-43 -59	-55 -71
40	50	+242 +180	+192 +130	+119 +80	+89 +50	+50 +25	+25 +9	+16 0	+25 0	+39 0	±8	±12	+3 -13	-4 -20	-12 -28	-21 -37	-29 -45	-38 -54	-49 -65	-65 -81
50	65	+264 +190	+214 +140	+146 +100	+106 +60	+60 +30	+29 +10	+19 0	+30 0	+46 0	±9.5	±15	+4 -15	-5 -24	-14 -33	-26 -45	-35 -54	-47 -66	-60 -79	-81 -100
65	80	+274 +200	+224 +150	+146 +100	+106 +60	+60 +30	+29 +10	+19 0	+30 0	+46 0	±9.5	±15	+4 -15	-5 -24	-14 -33	-26 -45	-37 -56	-53 -72	-69 -88	-96 -115
80	100	+307 +220	+257 +170	+174 +120	+125 +72	+71 +36	+34 +12	+22 0	+35 0	+54 0	±11	±17	+4 -18	-6 -28	-16 -38	-30 -52	-44 -66	-64 -86	-84 -106	-117 -139
100	120	+327 +240	+267 +180	+174 +120	+125 +72	+71 +36	+34 +12	+22 0	+35 0	+54 0	±11	±17	+4 -18	-6 -28	-16 -38	-30 -52	-47 -69	-72 -94	-97 -119	-137 -159
120	140	+360 +260	+300 +200	+208 +145	+148 +85	+83 +43	+39 +14	+25 0	+40 0	+63 0	±12.5	±20	+4 -21	-8 -33	-20 -45	-36 -61	-56 -81	-85 -110	-115 -140	-163 -188
140	160	+380 +280	+310 +210	+208 +145	+148 +85	+83 +43	+39 +14	+25 0	+40 0	+63 0	±12.5	±20	+4 -21	-8 -33	-20 -45	-36 -61	-58 -83	-93 -118	-127 -152	-183 -208
160	180	+410 +310	+330 +230	+208 +145	+148 +85	+83 +43	+39 +14	+25 0	+40 0	+63 0	±12.5	±20	+4 -21	-8 -33	-20 -45	-36 -61	-61 -86	-101 -126	-139 -164	-203 -228
180	200	+455 +340	+355 +240	+242 +170	+172 +100	+96 +50	+44 +15	+29 0	+46 0	+72 0	±14.5	±23	+5 -24	-8 -37	-22 -51	-41 -70	-68 -97	-113 -142	-157 -186	-227 -256
200	225	+495 +380	+375 +260	+242 +170	+172 +100	+96 +50	+44 +15	+29 0	+46 0	+72 0	±14.5	±23	+5 -24	-8 -37	-22 -51	-41 -70	-71 -100	-121 -150	-171 -200	-249 -278
225	250	+535 +420	+395 +280	+242 +170	+172 +100	+96 +50	+44 +15	+29 0	+46 0	+72 0	±14.5	±23	+5 -24	-8 -37	-22 -51	-41 -70	-75 -104	-131 -160	-187 -216	-275 -304

表 2.2.3（续）

直径区分/mm		B	C	D	E	F	G	H			JS		K	M	N	P	R	S	T	U
250	280	+610 +480	+430 +300	+271 +190	+191 +110	+108 +56	+49 +17	+32 0	+52 0	+81 0	±16	±26	+5 −27	−9 −41	−25 −57	−47 −79	−85 −117	−149 −181	−209 −241	−306 −338
280	315	+670 +540	+460 +330														−89 −121	−161 −193	−231 −263	−341 −373
315	355	+740 +600	+500 +360	+299 +210	+214 +125	+119 +62	+54 +18	+36 0	+57 0	+89 0	±18	±28	+7 −29	−10 −46	−26 −62	−51 −87	−97 −133	−179 −215	−257 −293	−379 −415
355	400	+820 +680	+540 +400														−103 −139	−197 −233	−283 −319	−424 −460

查表的步骤和方法如下。

①根据基本偏差的代号是大写还是小写，确定是查孔类还是轴类的极限偏差表。

②在极限偏差表中，首先查找基本偏差代号，再在基本偏差代号下查找公差等级数字所在的列。

③查找到公称尺寸段所在的行，此行与前面找到的列的相交处就是所要查的极限偏差值。

（4）关于线性尺寸的未注公差

前文介绍的第三种尺寸标注方法，只标注了尺寸数字和单位，并未标明公差代号、上下偏差，这种情况线性尺寸的公差就是未注公差，也叫一般公差。

设计时，公差标注是依据机器设备的使用功能要求，对零件的各部分加工提出尺寸、形状和相对位置的精度要求。实际使用过程中，有些零件某些部位的使用性能没有做出特殊的要求时，则给出一般公差。

一般公差的执行标准可参考 GB/T 1804—2000《一般公差　未注公差的线性和角度尺寸的公差》。

在实际的加工过程中，未注公差通过加工设备和加工工艺自然保证。在正常的维护和操作下，就能实现未注公差的加工。同时，未注公差的存在也满足了加工经济性的需求。

未注公差也称"自由公差"。国家标准规定，采用一般公差时，在图样中不单独标注出公差，而是在图样上或技术文件中做出必要的说明即可。

3. 千分尺的使用

千分尺是一种中等精度的量具，比游标卡尺测量精度高，测量方便，主要用于中等精度零件的测量。千分尺可分为内径千分尺和外径千分尺，下面以后者例进行介绍。

（1）外径千分尺的结构

外径千分尺由尺架、测微螺杆、微分筒等组成，如图 2.2.5 所示。尺架的一端装着固定测砧，另一端装着测微螺杆。固定测砧和测微螺杆的测量面上都镶有硬质合金，以提高测量面的使用寿命。尺架的两侧面覆盖着绝热板，使用外径千分尺时，手放在绝热板上，防止人体的热量影响外径千分尺的测量精度。

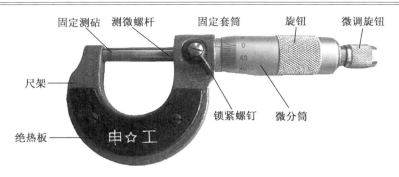

图 2.2.5 外径千分尺

（2）外径千分尺读数方法

外径千分尺的固定套筒上刻有轴向中线，作为微分筒读数的基准线。在轴向中线的两侧刻有两排刻线，同排刻线间距为 1 mm，上下刻线相互错开 0.5 mm。微分筒的圆周上刻有50 个等分线，微分筒转一周，测微螺杆就推进或后退 0.5 mm，如图 2.2.6 所示。

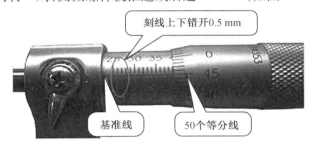

图 2.2.6 外径千分尺刻线原理

微分筒转过它本身圆周刻度的一小格时，两测量面之间移动的距离为 $0.5 \div 50 = 0.01$ mm，由此可知，外径千分尺的分度值为 0.01 mm。

外径千分尺读数分以下三步。

①读出固定套筒上刻线所显示的最大数值。

②在微分筒上找到与固定套筒中线对齐的刻线，再乘以分度值。当微分筒上没有任何一根刻线与固定套筒中线对齐时，应估读到小数点第三位数。

③把两个读数相加即得到实测尺寸。

注意事项：

①读数时，要防止多读或少读 0.5 mm。

②读数时，一般应估读到最小刻度的十分之一，即 0.001 mm。

（3）使用外径千分尺测量工件

①双手测量法

左手握住外径千分尺，右手转动微分筒，使测微螺杆靠近工件；用右手转动测力装置，保证恒定的测量力。测量时，必须保证测微螺杆的轴线与零件的轴线相交，且与零件轴线垂直。一般此方法用于较大尺寸零件测量，如图 2.2.7 所示。

②单手测量法

一般单手测量法为左手拿工件，右手握千分尺，并同时转动微分筒。此法用于较小尺寸零件的测量。测量时,施加在微分筒上的转矩要适当。

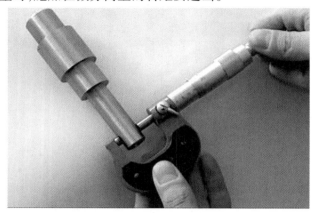

图 2.2.7　双手测量法

（4）千分尺使用注意事项

①千分尺是一种精密量具,只适用于精度较高零件的测量,严禁测量表面粗糙的零件,也不能测量正在旋转的零件。

②测量前必须把千分尺及工件的测量面擦拭干净。如有零位偏差,应进行调整。

③测量时,测微螺杆缓慢接触工件,直至棘轮发出 2 ~ 3 下"咔咔"的响声后,方可进行读数。

④单手测量时,转矩要适当。

⑤读取数值时,尽量在零件上直接读取,但要使视线与刻线表面保持垂直。离开工件读数时,必须锁紧测微螺杆。

⑥不能将千分尺与工具或零件混放,使用时要轻拿轻放,不要摔碰。

⑦使用完毕,应擦净千分尺,放置在专用盒内。若长时间不用,则应涂油保存以防生锈。

⑧千分尺应定期送交计量部门进行计量和保养,严禁擅自拆卸。

⑨不允许用纱布和金刚砂擦拭测微螺杆上的污锈。

⑩不能在千分尺的微分筒和固定套筒之间加酒精、煤油、柴油、凡士林和普通机油等。

2.2.5　任务实施

步骤一　选择并领取工、量具。

依据接头图样的技术要求选择工、量具,并填写工、量具领用单,领取工、量具。

步骤二　使用游标卡尺检测接头的轴向尺寸。

测量前的准备工作如下。

（1）将游标卡尺和被测工件表面的油污、灰尘用软布擦干净。

（2）拉动游标,检查滑动是否灵活,有无卡死现象,紧固螺钉能否正常使用。

（3）合拢量爪,检查量爪间是否透光,检验游标零线与主尺零线是否对齐。

步骤三　用外径千分尺检测接头的径向尺寸,用内径千分尺检测槽宽,并填写接头尺寸测量值记录表。

（1）测量前将工件与千分尺用软布擦净。

（2）校零。0～25 mm 千分尺直接校零，其余规格的千分尺用检验棒校零，如图 2.2.8、图 2.2.9、图 2.2.10 所示。

图 2.2.8　0～25 mm 千分尺校零

图 2.2.9　25～50 mm 千分尺校零

图 2.2.10　调整零位

（3）将工件放置在检测用平台上。用外径千分尺测量径向尺寸时，左手握千分尺，右手转动微分筒，使测微螺杆靠近工件；用右手转动测力装置，保证恒定的测量力。测量时必须保证测微螺杆的轴线与零件的轴线相交，且与零件的轴线垂直。

（4）用内径千分尺测量槽宽，测量时注意保证内径千分尺在孔中不歪斜，读数方法同外径千分尺。

（5）填写接头尺寸测量值记录表（表 2.2.4），判断接头尺寸是否合格。

表 2.2.4　接头尺寸测量值记录表

序号	图样尺寸	实测尺寸 1	实测尺寸 2	实测尺寸 3	平均值	是否合格
1						
2						
3						
4						
5						
6						
7						
8						

步骤四　填写并提交检测报告单。

2.2.6　任务评价

完成检测工作后,结合测评表(表2.2.5)进行自评,对出现的问题查找原因,并提出改进措施。

表 2.2.5　测评表

评价内容	测评标准	自评结果	判定结果	教师测评
	15			
	15			
	10			
	15			
	10			
	10			
	15			
	10			
最终得分				

说明:

(1)检测过程中,操作不当、不规范,扣10分;

(2)操作过程中出现不文明生产行为,根据情况扣5~10分;

(3)尺寸检测不正确,扣5分;

(4)不符合6S管理要求,根据情况扣分。

2.2.7　知识拓展

国家标准对公称尺寸500 mm以下的轴、孔规定了一般用途、常用和优先三类公差带。如图2.2.11所示,轴的一般用途公差带有116种,其中又规定了59种常用公差带,见图中矩形圈住的公差带;在常用公差带中又规定了 13 种优先公差带,见图中圆圈框框住的公差带。同样地,国家标准对孔公差带规定了 105 种一般用途公差带,44 种常用公差带和 13 种优先公差带,如图 2.2.12 所示。

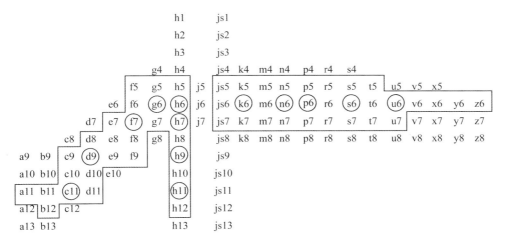

图 2.2.11　公称尺寸 500 mm 以下的轴的一般用途、常用和优先公差带

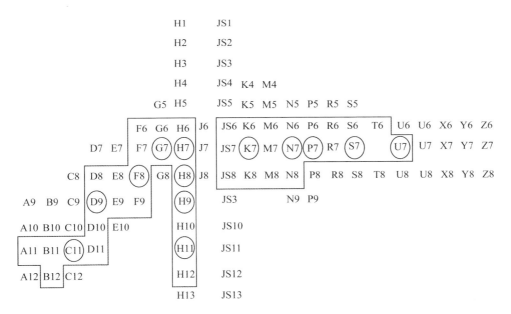

图 2.2.12　公称尺寸 500 mm 以下的孔的一般用途、常用和优先公差带

任务 2.3　轴套配合件的检测

2.3.1　任务导入

生产中,零件的加工需要满足使用要求,必须满足一定公差要求。零件加工过程中也需要考虑与之配合的零件的加工情况。本次任务我们就来讨论轴套配合件的配合公差问题。

2.3.2　任务描述

现加工了一批轴套配合件(图 2.3.1),在装配后,需要判断其实际盈隙是否合格。

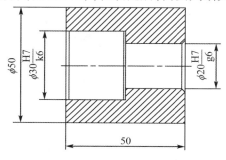

图 2.3.1　轴套配合件

任务要求:正确地识读图样,合理选择工、量具;采用正确的方法检测轴套配合件,并判断其是否合格;检测完成后提交检测报告单。

2.3.3　任务分析

本次任务中,我们需要完成零件配合的认知,为后续学习奠定基础。

【思考与练习】

(1)查阅相关资料,说明三种不同配合公差带之间的位置关系。

(2)解释 $\phi20\dfrac{H7}{g6}$、$\phi30\dfrac{H7}{k6}$ 的含义。

（3）根据配合尺寸 $\phi20\dfrac{H7}{g6}$、$\phi30\dfrac{H7}{k6}$，判定配合制及配合类型，并计算其极限盈隙、配合公差。

（4）配合制中国家标准规定了哪两种基准制，各有什么特点？

（5）从实际生产出发，选择公差等级时要考虑哪两方面的因素？ 简述选择的总原则。

（6）基准制的选用原则是什么？

（7）配合种类的选择采用的是什么方法？

2.3.4　知识链接

1.配合相关概念

（1）配合

公称尺寸相同、相互结合的孔和轴公差带之间的关系称为配合。相互配合的孔和轴，其公称尺寸必须相同，孔、轴公差带之间的关系决定了孔、轴的配合性质。

（2）配合的种类

孔的尺寸减去相配合的轴的尺寸为正时是间隙，一般用 X 表示，其数值前标"＋"号。

孔的尺寸减去相配合的轴的尺寸为负时是过盈，一般用 Y 表示，其数值前标"－"号。

按照孔、轴公差带的相互位置不同，配合分为间隙配合、过盈配合和过渡配合三种。

①间隙配合

总具有间隙（包括最小间隙等于零）的配合，称为间隙配合。对于间隙配合，孔的公差带在轴的公差带之上，如图 2.3.2 所示。对一批间隙配合的装配件而言，所有孔的尺寸大于或等于轴的尺寸。

由于孔、轴的实际尺寸允许在其公差带内变动，因此配合的间隙也是变动的。当孔为最大极限尺寸而与其相配的轴为最小极限尺寸时，配合处于最松状态，此时的间隙为最大间隙,用 X_{max} 表示。当孔为最小极限尺寸而与其相配的轴为最大极限尺寸时,配合处于最紧状态,此时的间隙为最小间隙,用 X_{min} 表示。间隙配合中,当孔的最小极限尺寸等于轴的最大极限尺寸时,最小间隙为零,称为零间隙。

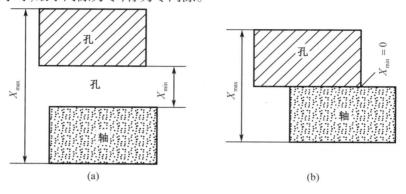

图 2.3.2　间隙配合孔、轴公差带

最大间隙:

$$X_{max} = D_{max} - d_{min} = ES - ei$$

最小间隙:

$$X_{min} = D_{min} - d_{max} = EI - es$$

平均间隙:

$$X_{av} = \frac{X_{max} + X_{min}}{2}$$

最大间隙和最小间隙统称极限间隙,表示间隙配合中允许间隙变动的两个界限值。孔、轴装配后的实际间隙在最大间隙和最小间隙之间。

②过盈配合

总具有过盈(包括最小过盈等于零)的配合,称为过盈配合。对于过盈配合,孔的公差带在轴的公差带之下,如图 2.3.3 所示。对一批过盈配合的装配件而言,所有轴的尺寸大于或等于孔的尺寸。

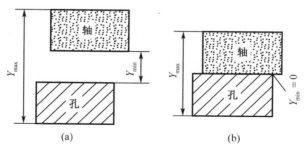

图 2.3.3　过盈配合孔、轴公差带

由于孔、轴的实际尺寸允许在其公差带内变动,因此配合的过盈也是变动的。当孔为最小极限尺寸而与其相配的轴为最大极限尺寸时,配合处于最紧状态,此时的过盈为最大过盈,用 Y_{max} 表示。当孔为最大极限尺寸而与其相配的轴为最小极限尺寸时,配合处于最松状态,此时的过盈为最小过盈,用 Y_{min} 表示。过盈配合中,当孔的最大极限尺寸等于轴的最小极限尺寸时,最小过盈为零,称为零过盈。

最大过盈:

$$Y_{\max} = D_{\min} - d_{\max} = EI - es$$

最小过盈:

$$Y_{\min} = D_{\max} - d_{\min} = ES - ei$$

平均过盈:

$$Y_{av} = \frac{Y_{\max} + Y_{\min}}{2}$$

最大过盈和最小过盈统称极限过盈,表示过盈配合中允许过盈变动的两个界限值。孔、轴装配后的实际过盈在最大过盈和最小过盈之间。

③过渡配合:可能有间隙也可能有过盈的配合,称为过渡配合。对于过渡配合,孔、轴的公差带相互交叠,如图 2.3.4 所示。

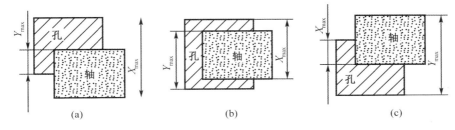

图 2.3.4　过渡配合孔、轴公差带

当孔的尺寸大于轴的尺寸时,具有间隙。当孔为最大极限尺寸而与其相配的轴为最小极限尺寸时,配合处于最松状态,此时的间隙为最大间隙,用 $X_{\max}$ 表示。当孔的尺寸小于轴的尺寸时,具有过盈。当孔为最小极限尺寸而与其相配的轴为最大极限尺寸时,配合处于最紧状态,此时的过盈为最大过盈,用 $Y_{\max}$ 表示。

最大间隙:

$$X_{\max} = D_{\max} - d_{\min} = ES - ei$$

最大过盈:

$$Y_{\max} = D_{\min} - d_{\max} = EI - es$$

平均间隙(或过盈):

$$X_{av}(或 Y_{av}) = \frac{X_{\max} + Y_{\max}}{2}$$

过渡配合中也可能出现孔的尺寸减去轴的尺寸为零的情况,这个零值可称为零间隙,也可称为零过盈,但它不能代表过渡配合的性质特征,能代表过渡配合松紧程度的特征值是最大间隙和最大过盈。

(3)配合公差

配合公差是允许间隙或过盈的变动量。配合公差用 T_f 表示。对于间隙配合,配合公差等于最大间隙减去最小间隙之差;对于过盈配合,配合公差等于最小过盈减去最大过盈之差;对于过渡配合,配合公差等于最大间隙减去最大过盈之差。

间隙配合:

$$T_f = X_{\max} - X_{\min} = T_h + T_s$$

过盈配合：

$$T_f = Y_{\min} - Y_{\max} = T_h + T_s$$

过渡配合：

$$T_f = X_{\max} - Y_{\max} = T_h + T_s$$

配合公差也等于组成配合的孔和轴的公差之和。配合公差以绝对值定义，没有正负号，表示对配合精度的要求，控制间隙或过盈变化的范围，反映使用要求，是评定配合精度的指标。配合公差是没有符号的绝对值，且不可能为零。

要提高配合精度，应降低零件的公差，即提高零件的加工精度。

（4）配合代号

国家标准规定：配合代号用孔、轴公差带代号的组合表示，写成分数形式，分子为孔的公差带代号，分母为轴的公差带代号，如 $\dfrac{H7}{s6}$ 或 H7/s6。在图样上标注时，配合代号标注在公称尺寸之后，如 $40\dfrac{H7}{s6}$。

2. 配合制

配合性质是由孔和轴的公差带的相对位置决定的，为了便于应用，通常把孔和轴的公差中的一个的带位置固定，通过改变另一个的位置来得到不同的配合，称为配合制（或基准制）。国家标准规定了两种配合制，即基孔制和基轴制。

（1）基孔制

基本偏差一定的孔的公差带，与不同基本偏差的轴的公差带形成各种配合的制度称为基孔制。基孔制中，孔是配合的基准件，称为基准孔，它的基本偏差为下偏差，基本偏差代号为"H"，数值为零。基孔制中的轴为非基准件（非基准轴）。

（2）基轴制

基本偏差一定的轴的公差带，与不同基本偏差的孔的公差带形成各种配合的制度称为基轴制。基轴制中，轴是配合的基准件，称为基准轴，它的基本偏差为上偏差，基本偏差代号为"h"，数值为零。基孔制、基轴制公差带如图2.3.5所示。

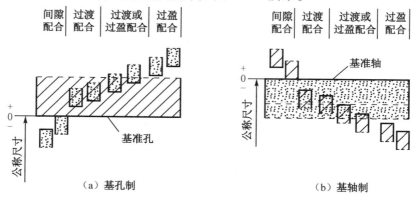

图 2.3.5　基孔制、基轴制公差带

3. 配合制的选用

在机械制造中,合理地选择配合制是非常重要的。从满足配合性质这点讲,选择哪种基准制的效果都是一样的,但从加工工艺、经济性能、零件结构、采用标件等方面考虑,选择不同的配合制,情况是不同的。

选择配合制时要从结构、工艺、经济等几方面来综合考虑。

(1)一般情况下,应优先选用基孔制。孔通常使用定值刀具(如钻头、铰刀、拉刀等)加工,使用定值量具(如塞规等)检验,定值刀具和定值量具只能加工和检验特定尺寸的孔。轴通常使用通用刀具(如车刀、砂轮等)加工,使用通用量具(如游标卡尺、千分尺等)检验,通用刀具和通用量具可以加工和检验不同尺寸的轴。因此,采用基孔制可以减少定值刀具和定值量具的使用数量,经济合理。基轴制通常仅用于具有明显经济效益的场合,例如:直接用冷拉钢材做轴,不再加工;在同一公称尺寸的轴段上各个部分需要装上不同孔相配合。

(2)与标准件配合时,基准制的选择通常依标准件而定,例如:与滚动轴承内圈配合的轴应采用基孔制,而与滚动轴承外圈配合的孔应采用基轴制。

(3)为了满足配合的特殊要求,允许采用任一孔、轴公差带组成的配合。

4. 公差等级的选择

公差等级的选择是机械设计的重要环节,直接影响机械产品的使用性能和制造成本。选择公差等级时,既要满足设计要求,又要考虑工艺的可能性和经济性。一般来说,公差等级高,零件使用性能好,但加工困难,生产成本高;公差等级低,零件加工容易,生产成本低,但使用性能差。因此,选择公差等级时要综合考虑使用性能和经济性能两方面因素,总的选择原则是:在满足使用要求的条件下,尽量选择低的公差等级。公差等级的主要应用实例见表 2.3.1。

表 2.3.1　公差等级的主要应用实例

公差等级	应 用 范 围 及 举 例
IT01	特别精密的尺寸传递基准,例如特别精密的标准量块
IT0	特别精密的尺寸传递基准及宇航中特别重要的精密配合尺寸。例如:特别精密的标准量块,个别特别重要的精密机械零件尺寸,校对检验 IT6 级轴用量规的校对量规
IT1	精密的尺寸传递基准、高精密测量工具、特别重要的极个别精密配合尺寸。例如:高精密标准量块,校对检验 IT7 至 IT9 级轴用量规的校对量规,个别特别重要的精密机械零件尺寸
IT2	高精密测量工具,特别重要的精密配合尺寸。例如:检验 IT6 至 IT7 级工件用量规,校对检验 IT8 至 IT11 级轴用量规的校对量规,个别特别重要的精密机械零件尺寸
IT3	精密测量工具,小尺寸零件的高精度的精密配合,以及与 C 级滚动轴承配合的轴径与外壳孔径。例如:检验 IT8 至 IT11 级工件用量规,校对检验 IT9 至 IT13 级轴用量规的校对量规,与特别精密的 P4 级滚动轴承内环孔(直径至 100 mm)相配的机床主轴,精密机械和高速机械的轴颈,与 P4 级向心球轴承外环相配合的壳体孔径,航空及航海导航仪器上特殊精密的个别小尺寸零件的精度配合

表 2.3.1(续)

公差等级	应 用 范 围 及 举 例
IT4	精密测量工具,高精度的精密配合,以及与 P4 级、P5 级滚动轴承配合的轴径和外壳孔径。例如:检验 IT9 至 IT12 级工件用量规,校对检验 IT12 至 IT14 级轴用量规的校对量规,与 P4 级轴承孔(孔径大于 100 mm)及 P5 级轴承孔相配的机床主轴,精密机械和高速机械的轴颈,与 P4 级轴承相配的机床外壳孔,柴油机活塞销及活塞销座孔径,高精度(1 级至 4 级)齿轮的基准孔或轴径,航空及航海用仪器的特殊精密的孔径
IT5	配合公差要求很小,形状公差要求很高的情况。公差等级能使配合性质比较稳定,相当于旧国标中最高精度,通常用于机床、发动机和仪表中特别重要的配合尺寸,一般机械中应用较少。例如:检验 IT11 至 IT14 级工件用量规,校对检验 IT14 至 IT15 级轴用量规的校对量规,与 P5 级滚动轴承相配的机床箱体孔,与 E 级滚动轴承孔相配的机床主轴,精密机械及高速机械的轴颈,机床尾架套筒,高精度分度盘轴颈,分度头主轴,精密丝杠基准轴颈,高精度镗套的外径,发动机主轴仪表中的精密孔的配合,5 级精度齿轮的孔及 5 级、6 级精度齿轮的基准轴
IT6	配合表面有较高均匀性要求的情况。此公差等级能保证相当高的配合性质,使用稳定可靠,相当于旧国标 2 级精度轴和 1 级精度孔的公差,广泛应用于机械中的重要配合。例如:检验 IT12 至 IT15 级工件用量规,校对检验 IT15 至 IT16 级轴用量规的校对量规,与 E 级轴承相配的外壳孔及与滚子轴承相配的机床主轴轴颈,机床装配式青铜蜗轮、轮壳外径安装齿轮、蜗轮、联轴器、皮带轮、凸轮的轴颈,机床丝杠支承轴颈,矩形花键的定心直径,摇臂钻床的立柱,机床夹具的导向件的外径尺寸,精密仪器的精密轴,航空及航海仪表的精密轴,自动化仪表,手表特别重要的轴,发动机气缸套外径,曲轴主轴颈,活塞销,连杆衬套,连杆和轴瓦外径,6 级精度齿轮的基准孔和 7 级、8 级精度齿轮的基准轴颈,特别精密(如 1 级或 2 级精度)齿轮的顶圆直径
IT7	此公差等级在一般机械中广泛应用,应用条件与 IT6 相似,但精度稍低,相当于旧国标中 3 级精度轴或 2 级精度孔的公差。例如:检验 IT14 至 IT16 级工件用量规,校对检验 IT16 级轴用量规的校对量规,机床装配式青铜蜗轮轮缘孔径,联轴器、皮带轮、凸轮等的孔径,机床卡盘座孔,摇臂钻床的摇臂孔,车床丝杠的轴承孔,机床夹头导向件的内孔,发动机中连杆孔、活塞孔,铰制螺柱定位孔,纺织机械的重要零件,印染机械要求较高的零件,精密仪器精密配合的内孔,电子计算机、电子仪器、仪表重要内孔,自动化仪表重要内孔,7 级、8 级精度齿轮的基准孔和 9 级、10 级精度齿轮的基准轴
IT8	此公差等级在机械制造中属于中等精度,在仪器、仪表及钟表制造中,由于基本尺寸较小,所以属于较高精度范围,在农业机械、纺织机械、印染机械、自行车、缝纫机、医疗器械中应用较广。例如:检验 IT16 级工件用量规,轴承座衬套沿宽度方向的尺寸配合,手表跨齿轴,棘爪拨针轮等与夹板的配合,无线电仪表中的一般配合
IT9	此公差等级应用条件与 IT8 类似,但精度低于 IT8,比旧国标 4 级精度公差稍大。例如:机床轴套外径与孔、操纵件与轴、空转皮带轮与轴、操纵系统的轴与轴承等的配合,纺织机械、印染机械一般配合零件,发动机机油泵体内孔,气门导管内孔,飞轮与飞轮套的配合,自动化仪表一般配合尺寸,手表中要求较高零件的未注公差的尺寸,单键连接中键宽配合尺寸,打字机中运动件的配合尺寸

表 2.3.1(续)

公差等级	应 用 范 围 及 举 例
IT10	此公差等级应用条件与 IT9 类似,但精度低于 IT9,相当于旧国标的 5 级精度公差。例如:电子仪器、仪表中支架上的配合,导航仪器绝缘衬套孔与汇电环衬套轴配合,打字机中铆合件的配合尺寸,手表中基本尺寸小于 18 mm 时要求一般的未注公差的尺寸及大于 18 mm 要求较高的未注公差尺寸,发动机油封挡圈孔与曲轴皮带轮毂的配合尺寸
IT11	此公差等级广泛应用于间隙较大,且有显著变动也不会引起危险的场合,亦可用于配合精度较低,装配后允许有较大的间隙,相当于旧国标的 6 级精度公差。例如,机床上法兰盘止口与孔、滑块与滑移齿轮、凹槽等;农业机械、机车车厢部件及冲压加工的配合零件,钟表制造中不重要的零件,手表制造用的工具及设备中未注公差的尺寸,纺织机械中较粗糙的活动配合,印染机械中要求较低的配合尺寸,磨床制造中的螺纹连接及粗糙的动连接,不做测量基准用的齿轮顶圆直径公差等
IT12	配合精度要求很低,装配后有很大的间隙,适用于基本上无配合要求的部位,要求较高的未注公差的尺寸极限偏差,比旧国标的 7 级精度公差稍小。例如:非配合尺寸及工序间尺寸,发动机分离杆,手表制造中工艺装备的未注公差尺寸,计算机工业中金属加工的未注公差尺寸的极限偏差,机床制造业中扳手孔和扳手座的连接等
IT13	应用条件与 IT12 类似,但比旧国标 7 级精度公差值稍大。例如:非配合尺寸及工序间尺寸,计算机、打字机中切削加工零件及圆片孔,二孔中心距的未注公差尺寸
IT14	非配合尺寸及不包括在尺寸链中的尺寸。此公差等级相当于旧国标的 8 级精度公差。例如:机床、汽车、拖拉机、冶金机械、矿山机械、石油化工、电机、电器、仪器仪表、航空航海、医疗器械、钟表、自行车、缝纫机、造纸与纺织机械等机械加工零件中未注公差尺寸的极限偏差
IT15	非配合尺寸及不包括在尺寸链中的尺寸。此公差等级相当于旧国标的 9 级精度公差。例如:冲压件、木模铸造零件,当基本尺寸大于 3 150 mm 时的未注公差的尺寸极限偏差
IT16	非配合尺寸。此公差等级相当于旧国标的 10 级精度公差。例如:打字机中浇铸件尺寸,无线电制造业中箱体外形尺寸,手术器械中的一般外形尺寸,压弯延伸加工用尺寸,纺织机械中木件的尺寸,塑料零件的尺寸,木模制造及自由锻造的尺寸
IT17 IT18	非配合尺寸。此公差等级相当于旧国标的 11 级或 12 级精度的公差。例如:塑料成型尺寸,手术器械中的一般外形尺寸,冷作和焊接用尺寸的公差

5. 配合种类的选择

一般情况下采用类比法选择配合种类,即与经过生产和使用验证的某种配合进行比较,然后确定配合种类。采用类比法选择配合种类时,首先应了解该配合部位在机器中的作用、使用要求及工作条件,还应掌握国家标准中各种基本偏差的特点,了解各种常用和优先配合的特征及应用场合,熟悉一些典型的配合实例。

采用类比法选择配合,要确定配合类别,了解各类配合的特性和应用。

间隙配合的特性是具有间隙。它主要用于结合件有相对运动的配合(包括旋转和轴向滑动),也用于一般定位配合,还可结合件间无相对运动的配合,但必须加键、销、螺钉等连接件使之固定。

过盈配合的特性是具有过盈。它主要用于结合件没有相对运动的配合。过盈不大时，用键连接传递扭矩;过盈大时,靠孔轴结合力传递扭矩。前者可拆卸,后者是不能拆卸的。

过渡配合的特性是可能具有间隙,也可能具有过盈,但所得到的间隙和过盈一般是比较小的。它主要用于定位精确并要求拆卸的相对静止的连接。

6. 孔、轴常用公差带和优先、常用配合

国家标准在公称尺寸 500 mm 以下,对基孔制规定了 59 种常用配合,对基轴制规定了 47 种常用配合。这些配合分别由轴、孔的常用公差带和基准孔、基准轴的公差带组合而成。国家标准在常用配合中又对基孔制、基轴制各规定了 13 种优先配合,分别由轴、孔的优先公差带与基准孔和基准轴的公差带组合而成。基孔制优先和常用配合见表 2.3.2。

表 2.3.2　基孔制优先和常用配合

基准孔	轴																				
	a	b	c	d	e	f	g	h	js	k	m	n	p	r	s	t	u	v	x	y	z
	间隙配合								过渡配合				过盈配合								
H5						H6/f5	H6/g5	H6/h5	H6/js5	H6/k5	H6/m5	H6/n5		H6/r5		H6/t5					
H6						H7/f6	H7/g6	H7/h6	H7/js6	H7/k6	H7/m6	H7/n6	H7/p6	H7/r6	H7/s6	H7/t6	H7/u6	H7/v6	H7/x6		H7/z6
H7					H8/e7	H8/f7	H8/g7	H8/h7	H8/js7	H8/k7	H8/m7	H8/n7		H8/r7	H8/s7	H8/t7	H8/u7				
H8				H8/d8	H8/e8	H8/f8		H8/h8													
H9			H9/c9	H9/d9	H9/e9	H9/f9		H9/h9													
H10			H10/c10	H10/d10				H10/h10													
H11	H11/a11	H11/b11	H11/c11	H11/d11				H11/h11													
H12		H12/b12						H12/h12													

7. 配合的选用

配合类别确定后,再确定与基准件相配的轴或孔的基本偏差代号,配合松紧则按工作条件考虑,对照实例选择。

（1）间隙配合的选用

间隙配合选用的基本偏差一般在从 a 到 h（或从 A 到 H）中选择。由于基本偏差的绝对值等于最小间隙，因此可按最小间隙确定基本偏差代号。

（2）过盈配合的选用

过盈配合选用的基本偏差一般在从 p 到 zc（或从 P 到 ZC）中选择，并按最小过盈、最大过盈确定基本偏差代号。

（3）过渡配合的选用

过渡配合选用的基本偏差一般在从 js 到 n（或从 JS 到 N）中选择。其基本要求是：保证相互结合的孔、轴间有很好的定心精度，且易于装拆。

2.3.5　任务实施

步骤一　分析配合尺寸 $\phi20\dfrac{H7}{g6}$。

（1）识读配合尺寸 $\phi20\dfrac{H7}{g6}$ 的含义。

$\phi20\dfrac{H7}{g6}$ 表示公称直径为 $\phi20$ mm，H7 为孔的公差带代号，g6 为轴的公差带代号。

（2）查表求出配合尺寸 $\phi20\dfrac{H7}{g6}$ 的极限偏差。

查表可以得到配合尺寸 $\phi20\dfrac{H7}{g6}$ 轴 g6 的极限偏差为 $\phi20^{-0.007}_{-0.020}$ mm。

查表可以得到配合尺寸 $\phi20\dfrac{H7}{g6}$ 孔 H7 的极限偏差为 $\phi20^{+0.021}_{0}$ mm。

（3）判断配合制度和配合性质。

孔的公差带在轴的公差带之上，并且孔的基本偏差代号为 H，所以此配合为基孔制间隙配合。

（4）计算配合公差。

因为是间隙配合，所以要计算出最大间隙和最小间隙。

$X_{max} = ES - ei = +0.021 - (-0.020) = +0.041$ mm

$X_{min} = EI - es = 0 - (-0.007) = +0.007$ mm

$T_f = |X_{max} - X_{min}| = |+0.041 - 0.007| = 0.034$ mm

步骤二　分析配合尺寸 $\phi30\dfrac{H7}{k6}$。

（1）识读配合尺寸 $\phi30\dfrac{H7}{k6}$ 的含义。

$\phi30\dfrac{H7}{k6}$ 表示公称直径为 $\phi30$ mm，H7 为孔的公差带代号，k6 为轴的公差带代号。

（2）查表求出配合尺寸 $\phi30\dfrac{H7}{k6}$ 的极限偏差。

查表可以得到配合尺寸 $\phi30\dfrac{H7}{k6}$ 轴 k6 的极限偏差为 $\phi30^{+0.015}_{+0.002}$ mm 。

查表可以得到配合尺寸 $\phi30\dfrac{H7}{k6}$ 孔 H7 的极限偏差为 $\phi30^{+0.021}_{0}$ mm 。

（3）判断配合制度和配合性质。

孔的公差带与轴的公差带相互交叠，并且孔的基本偏差代号为 H，所以此配合为基孔制过渡配合。

（4）计算配合公差。

因为是过渡配合，所以计算出最大间隙和最大过盈。

$$X_{\max} = ES - ei = + 0.021 - (+ 0.002) = + 0.019 \text{ mm}$$
$$Y_{\max} = EI - es = 0 - (+ 0.015) = - 0.015 \text{ mm}$$
$$T_{f} = \left| X_{\max} - Y_{\max} \right| = \left| + 0.019 - (- 0.015) \right| = 0.034 \text{ mm}$$

步骤三　选择领取工、量具。

（1）根据轴套配合件图样的技术要求，选择工、量具，并填写工、量具领用单，领取工、量具。

检测方法参照任务 2.1 和任务 2.2，正确处理检测数据。

填写轴套配合件尺寸测量值记录表（表 2.3.3），判断轴套配合件尺寸是否合格。

表 2.3.3　轴套配合件尺寸测量值记录表

序号	图样尺寸	实测尺寸 1	实测尺寸 2	实测尺寸 3	平均值	是否合格
1						
2						
3						
4						
5						
6						
7						
8						

步骤四　填写并提交检验报告单。

2.3.6　任务评价

完成检测工作后，结合测评表（表 2.3.4）进行自评，对出现的问题查找原因，并提出改进措施。

表 2.3.4　测评表

评价内容	测评标准	自评结果	判定结果	教师测评
	15			
	15			
	10			
	15			
	10			
	10			
	15			
	10			
最终得分				

说明:

(1)检测过程中,操作不当、不规范,扣 10 分;

(2)操作过程中出现不文明生产行为,根据情况扣 5 ~ 10 分;

(3)尺寸检测不正确,扣 5 分;

(4)不符合 6S 管理要求,根据情况扣分。

任务 2.4　台阶轴套内径的检测

2.4.1　任务导入

在生产中,对于孔径的测量可采用多种方法,如使用游标卡尺、内径千分尺、塞规、内径百分表等。应依据生产批量的大小、测量精度的高低、尺寸的大小以及零件的结构等要素来选择测量方法。本次任务就是使用内径百分表测量孔径的常用方法训练。

2.4.2　任务描述

实训基地加工了一批台阶轴套,如图 2.4.1 所示,要求对其进行检测并确保其尺寸合格。

任务要求:正确地识读图样,合理选择工、量具;采用正确的方法检测台阶轴套,并判断其是否合格;检测完成后提交检测报告单。

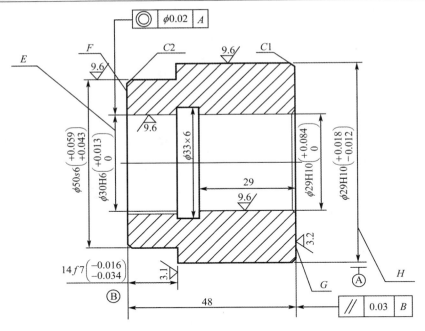

图 2.4.1 台阶轴套

2.4.3 任务分析

本次任务中,我们要完成台阶轴套的检测,为后续学习奠定基础。

【思考与练习】

1. 图样中 $\phi30H6$ 属于_____尺寸,尺寸合格范围为_____,可选择_____量具进行检量。

2. 从百分表的表盘上,你能了解到哪些信息?

3. 观察内径百分表,说明它的组成及用途。

4. 使用内径百分表检测时需要注意哪些事项?

5. 如何安装及使用内径百分表?

2.4.4 知识链接

1. 认知内径百分表

（1）内径百分表的结构

内径百分表常用于测量深孔和精度较高的孔。其结构如图 2.4.2 所示。

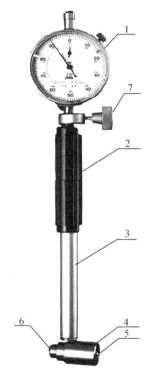

1—百分表;2—隔热手柄;3—主体;4—定位护桥;

5—活动测头;6—可换测头;7—紧固螺钉。

图 2.4.2 内径百分表的结构

内径百分表以百分表为读数机构,配备了杠杆传动系统或楔形传动系统的杆部。

（2）刻线原理及读数方法

内径百分表是利用活动测头移动的距离与百分表的示值相等的原理来读数的。活动测头的移动量通过百分表内部的齿轮传动机构转变为指针的偏转量显示在表盘上。当活动测头移动 1 mm 时,百分表指针回转一圈。百分表表盘上共刻有 100 格,每一格即代表 0.01 mm。因此,内径百分表的分度值为 0.01 mm。读数时先读短指针与起始位置之间的整数,再读长指针在表盘上所指的小数部分的值,两个数值相加就是被测尺寸。

（3）测量范围

内径百分表由不同活动测头组成不同的工作行程,可测量 10～450 mm 的内径。测量时应根据孔的内径大小选择测头。

内径百分表活动测头的移动量有 0～3 mm、0～5 mm、0～10 mm。测量范围的改变是通过更换或调整可换测头的长度来完成的。

每个内径百分表都附有成套的可换测头,测量范围有 10 ~ 18 mm、18 ~ 35 mm、35 ~ 50 mm、50 ~ 100 mm、100 ~ 160 mm 等。

2. 内径百分表安装与使用

(1)安装与调整内径百分表

如图 2.4.3 所示,将内径百分表装入测量架内,预压 1 mm,将短指针在"1"的位置上锁紧。

(a)插装   (b)预压   (c)锁紧

图 2.4.3　百分表安装示意图

根据内孔尺寸选择相应的测头,并安装在定位护桥上,用专用扳手扳紧紧固螺钉。应特别注意可换测头与活动测头之间的距离须大于被测尺寸 0.8 ~ 1 mm,以便测量时活动测头能在公称尺寸上下的一定范围内自由运动。

(2)内径百分表的校零

内径百分表是用相对法测量的器具,故在使用前必须用其他量具根据被测零件的公称尺寸校对内径百分表的零位。本任务中可根据实际情况任选下列方法之一校对内径百分表的零位。

①量块校对零位

按被测零件的公称尺寸组合量块,并装夹在量块的附件中,将内径百分表的两个测头放在量块附件两量脚之间,摆动量杆使内径百分表读数最小,此时可转动内径百分表的滚花环,将刻度的零刻线转到与内径百分表的长指针对齐。

量块校对零位能保证校对零位的准确度及内径百分表的测量精度,但其操作比较麻烦,且量块对使用环境要求较高。

②标准环规校对零位

按被测零件的公称尺寸选择名义尺寸相同的标准环规,按标准环规的实际尺寸校对内径百分表的零位。

标准环规校对零位操作简便,能保证校对零位的准确度。因校对零位需制造专用的标准环规,此方法适合生产批量较大的场合。标准环规校对零位如图 2.4.4 所示。

③外径千分尺校对零位

按被测零件的公称尺寸选择适当测量范围的外径千分尺,将外径千分尺调至被测公称尺寸,把内径百分表的两个测头放在外径千分尺两测砧之间校对零位。

图 2.4.4　标准环规校对零位

因外径千分尺精度的影响,其校对零位的准确度和稳定性不高,因而降低了内径百分表的测量精确度。但此方法易于操作和实现,在生产现场对精度要求不高的单件或小批量零件的检测,仍得到较广泛的应用。外径千分尺校对零位如图 2.4.5 所示。

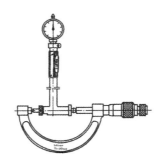

图 2.4.5　外径千分尺校对零位

(3)测量数值判断是否合格

握住内径百分表的隔热手柄,先将内径百分表的活动测头和定位护桥轻轻压入被测孔中,然后将可换测头放入;当测头达到指定的测量部位时,在轴向截面内微微摆动内径百分表,同时读出指针指示的最小数值,如图 2.4.6、图 2.4.7、图 2.4.8 所示。

3. 内径百分表使用注意事项

(1)使用前,应检查内径百分表的本体(图 2.4.9)是否有缺陷,此外尤其要注意可换测头和活动测头的球面部分的磨损情况。

(2)安装内径百分表时,夹紧力不宜过大,且应有一定的预压缩量(1 mm)。

(3)校对零位时,选择一个相应尺寸的可换测头,并使活动测头在活动范围的中间位置,校好后,检查零位稳定性。

(4)装卸时,应先松开锁紧装置,不允许硬性插入或拔出。

(5)使用完毕,应将内径百分表和可换测头取下擦净,并涂油防锈,放入专用盒内保存。

(6)如果在使用过程中发现问题,不允许继续使用或擅自拆卸修理,应送计量部门检修。

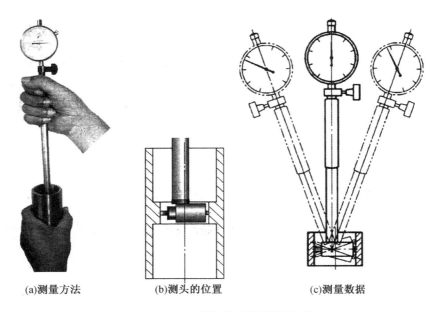

(a)测量方法   (b)测头的位置   (c)测量数据

图2.4.6　内径百分表测量孔径(1)

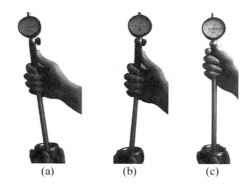

(a)　　　　　(b)　　　　　(c)

图2.4.7　内径百分表测量孔径(2)

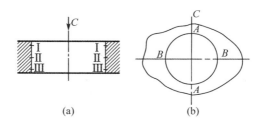

(a)　　　　　　　　(b)

图2.4.8　内径百分表测量孔径测量位置示意图

4. 内径百分表测量后保养

测量后应将内径百分表擦拭干净,存放在专用盒内。

(1)测量时,不可用力过大或过快地按压活动测头,不能让内径百分表受到剧烈震动。

(2)应轻拿轻放,并经常校对零位,防止尺寸变动。

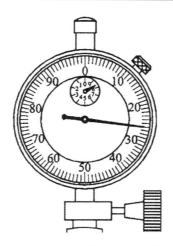

图 2.4.9　内径百分表的本体

（3）读数时，要正确判断实际偏差的正、负值，表针按顺时针方向偏转未达到零点的读数为正值，超过零点的读数为负值。

（4）装卸表头时，要松开紧固螺钉，不可硬性插入或拔出。

2.4.5　任务实施

步骤一　选择并领取工、量具。

依据台阶轴套图样的技术要求，选择工、量具，并填写工、量具领用单，领取工、量具。

步骤二　使用游标卡尺检测零件轴向尺寸，使用外径千分尺检测零件外径。

步骤三　测量内径尺寸。

（1）安装与调整内径百分表。

将内径百分表装入测量架内，预压 1 mm，将短指针在"1"的位置上锁紧。

（2）安装可换测头。

根据零件的尺寸要求更换可换测头以便测量时活动测头能在公称尺寸上下的一定范围内自由移动。

（3）校对内径百分表的零位。

外径千分尺调到 30 mm，调整时，应从 29 mm 加到 30 mm，并用手推着测微螺杆。

内径百分表两个测头放在外径千分尺两测砧间，使其表盘上的零刻线与指针重合，即校对完成。

步骤四　对零件的内孔尺寸进行检测，并将检测结果填入台阶轴套尺寸测量值记录表中。

握住内径百分表的手柄，将内径百分表的活动测头和定位护桥轻轻压入被测孔中，然后再将可换测头压入。

当测头达到指定测量部位时，在轴向截面内微微摆动内径百分表，读出指针指示的最小数值。

将测量数据填入台阶轴套尺寸测量值记录表（表 2.4.1）中，并判定零件是否合格。

测量完毕，将内径百分表和可换测头取下擦净，并涂油防锈，放入专用盒内保存。

表 2.4.1　台阶轴套尺寸测量值记录表

序号	图样尺寸	实测尺寸1	实测尺寸2	实测尺寸3	平均值	是否合格
1						
2						
3						
4						
5						
6						
7						
8						

步骤四　填写并提交检验报告单。

2.4.6　任务评价

完成检测工作后,结合测评表(表 2.4.2)进行自评,对出现的问题查找原因,并提出改进措施。

表 2.4.2　测评表

评价内容	测评标准	自评结果	判定结果	教师测评
	15			
	15			
	10			
	15			
	10			
	10			
	15			
	10			
最终得分				

说明:

(1)检测过程中,操作不当、不规范,扣 10 分;

(2)操作过程中出现不文明生产行为,根据情况扣 5 ~ 10 分;

(3)尺寸检测不正确,扣 5 分;

(4)不符合 6S 管理要求,根据情况扣分。

任务 2.5　线性零件的综合检测

2.5.1　任务导入

大批零件若用常规量具进行检测将会浪费大量时间,因此,选用合适的量具快速、准确地检测零件尺寸是否合格尤为重要。

2.5.2　任务描述

实训基地加工了一批通孔台阶轴套,如图 2.5.1 所示,对其进行检测并判断零件尺寸是否合格。

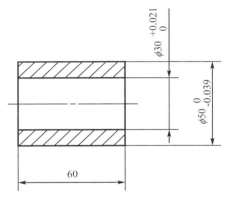

图 2.5.1　通孔台阶轴套

任务要求:正确地识读图样,合理选择工、量具;采用正确的方法检测通孔台阶轴套,并判断其是否合格;检测完成后提交检测报告单。

2.5.3　任务分析

本次任务中,我们需要完成零件的加工误差、公差与测量的认知,完成零件的综合检测。

【思考与练习】

1.光滑极限量规分哪几类?

2.卡规的工作面是什么形状的?简述其使用方法。

3. 塞规的工作面是什么形状的？简述其使用方法。

4. 用光滑极限量规检测工件前需要做哪些准备工作？

2.5.4　知识链接

1. 认识光滑极限量规

零件尺寸的测量器具一般分为两类：一类是通用量具，如游标卡尺、千分尺等，它们是有刻线的量具，能测出零件尺寸的大小；另一类是量规，是一种没有刻度的专用测量器具，不能测出零件尺寸大小，只能测出零件尺寸是否在规定的极限尺寸范围内，用于判定零件是否合格。

这种用于检测零件尺寸是否合格的量具称为极限量规，简称量规。

量规是成对使用的，一端为通规，代号为 T，另一端为止规，代号为 Z。

光滑极限量规用于检验公称尺寸小于或等于 500 mm、公差等级为 IT6 至 IT16 的轴和孔，其结构简单，使用方便，检验效率高，因此在大批量生产中应用十分广泛。光滑极限量规分为轴用量规和孔用量规。

（1）量规的分类

按用途，量规可分为塞规和卡规（测量轴径）。专用量规通常成套使用，每套都有一个通规，一个止规。

检验工件的最大实体尺寸（即孔为最小、轴为最大极限尺寸）的量规称通规；检验工件的最小实体尺寸（即孔为最大、轴为最小极限尺寸）的量规称止规。检验工件时，如通规能通过，止规不能通过，则该工件为合格品。

塞规（图 2.5.2）用于检测孔是否合格。其通规的尺寸按照被测孔的最小极限尺寸制作，其止规的尺寸按照被测孔的最大极限尺寸制作。

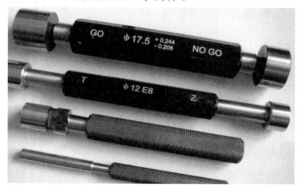

图 2.5.2　塞规

卡规(图 2.5.3)用于检测轴是否合格。其通规的尺寸按照被测轴的最大极限尺寸制作,其止规的尺寸按照被测轴的最小极限尺寸制作,如图 2.5.3 所示。

图 2.5.3　卡规(轴用量规)

还有一种双头卡规,其工作表面是平面,一端为通规(尺寸根据轴的最大极限尺寸确定),另一端为止规(尺寸根据轴的最小极限尺寸确定),如图 2.5.4 所示。

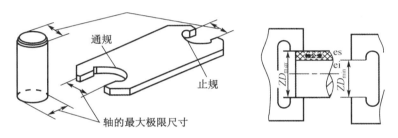

图 2.5.4　双头卡规工作原理

(2)卡规的使用方法

用卡规的通规检验工件时,尽可能从竖直方向检验,用手拿住卡规,靠卡规自身的质量,从轴的外圆上滑过去。如从水平方向检验,则一手拿工件,一手拿卡规,把通规从轴上滑过去,切不可用力强行通过。卡规的检验结果如图 2.5.5 所示。

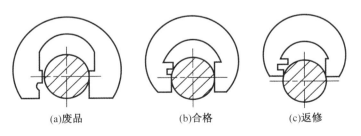

图 2.5.5　卡规的检验结果

(3)塞规的使用方法

用塞规检测竖直位置的被测孔时,应从上面检验。用手拿住塞规的柄部,靠塞规本身的重量,让通规滑进孔中。对于水平位置的被测孔,要顺着孔的轴线,把通规轻轻地送入孔中。

2. 用光滑极限量规（塞规和卡规）检验零件尺寸

（1）测量前的准备工作

①测量前，检查量规与图样上的公称尺寸、公差是否相符。

②检查量规测量面有无毛刺、划伤、锈蚀等缺陷。

③检查量规是否在检定期内。

④检查被测零件的表面有无毛刺、棱角等缺陷。

⑤用清洁的细棉纱或软布擦净零件表面，在工件表面涂薄油，减少磨损。

⑥辨别卡规和塞规的通规端和止规端。

（2）用塞规检验孔径

保证塞规轴线与被测零件孔轴线同轴，以适当接触力接触，通规端应可自由进入孔内，如图 2.5.6 所示。

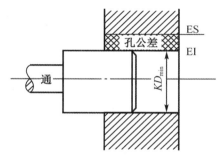

图 2.5.6 塞规通规端进入零件孔内

凡通规能通过、止规不能完全通过的零件属于合格产品，通规和止规要联合使用，不要弄反通规端和止规端。

检验时不能用较大力强推、强压塞规，这会造成塞规不必要的损伤。塞规的使用如图 2.5.7 所示。

 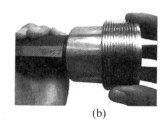

(a)　　　　　　　　　　　　　　　　(b)

图 2.5.7 塞规的使用

（3）用卡规检验轴径

轻握卡规，令卡规测量面与被测零件轴线平行。通规端应可在被测零件上滑过，止规端应只与被测零件接触而不滑过。

在不同截面、不同位置检验，在沿轴和围绕轴的不少于 4 个位置上进行检验，各个位置都合格才算合格。

不可用力将卡规压在工件表面上，卡规测量面不得歪斜。用卡规检验零件如图 2.5.8 所示。

（a）通规端在零件上滑过　　　　（b）止规端只与被测零件接触

图 2.5.8　用卡规检验零件

2.5.5　任务实施

步骤一　选择并领取工、量具。

依据图样的技术要求,选择工、量具,并填写工、量具领用单,零取工、量具。

步骤二　使用游标卡尺检测零件轴向尺寸。

步骤三　使用光滑极限量规(塞规和卡规)检验轴套的内、外直径。

检测要求:检测前,检查量规测量面,不可有毛刺、划伤、锈蚀等缺陷。检查被测零件的表面,不可有毛刺、棱角等缺陷。擦净工件表面,在工件表面涂薄油,减少磨损。

（1）用塞规检验孔径。

①令塞规轴线与被测零件孔轴线同轴,用适当的接触力接触。

②塞规不可倾斜塞入孔中,不可强推、强压,通规端不能在孔内转动。

③通规端应可自由进入孔内,止规端应只有顶端倒角部分能放入孔边,而不能全部塞入,否则不合格。

（2）用卡规检验轴径。

①轻握卡规,使卡规测量面与被测零件轴线平行。

②在不同截面、不同位置检验,检测不少于 4 个位置。

③检测时,保持卡规不能歪斜,且不可用力将卡规压在工件表面上。

④通规端应可在零件上滑过,止规端应只与被测零件接触而不滑过,否则为不合格。

步骤四　对图样中的内孔尺寸进行检测,并将检测结果填入通孔台阶轴套尺寸测量值记录表(表 2.5.1)中。

表 2.5.1　通孔台阶轴套尺寸测量值记录表

序号	图样尺寸	实测尺寸1	实测尺寸2	实测尺寸3	平均值	是否合格
1						
2						
3						
4						

表 2.5.1(续)

序号	图样尺寸	实测尺寸 1	实测尺寸 2	实测尺寸 3	平均值	是否合格
5						
6						
7						
8						

2.5.6 任务评价

完成检测工作后,结合测评表(表2.5.2)进行自评,对出现的问题查找原因,并提出改进措施。

表 2.5.2 测评表

评价内容	测评标准	自评结果	判定结果	教师测评
	15			
	15			
	10			
	15			
	10			
	10			
	15			
	10			
最终得分				

说明:

(1)检测过程中,操作不当、不规范,扣10分;

(2)操作过程中出现不文明生产行为,根据情况扣5~10分;

(3)尺寸检测不正确,扣5分;

(4)不符合6S管理要求,根据情况扣分。

项目3 零件几何公差检测

机械制造中,由于机床精度、工件装夹方法以及材料变形等诸多因素的影响,实际加工出的零件不仅会产生尺寸误差,还会产生几何误差,同样会影响零件的使用功能。国家标准还规定了一系列几何公差来限制几何误差。

零件的表面、轴线、中心对称平面等的实际形状和位置相对于所要求的理想形状和位置,不可避免地存在着误差,此误差叫作形状和位置误差,简称形位误差。和零件的尺寸误差一样,零件的形位误差的检测和评定是产品检验中一个非常重要的项目。零件的形位误差对产品的工作精度,运动件的平稳性、耐磨性、润滑性以及连接件的强度和密封都会造成很大的影响。

零件的形状和结构都是由一些简单的几何体所组成的,而构成零件几何特征的点、线、面统称几何要素,简称要素,如圆柱面、平面、轴线、球心等,如图3.0.1所示。

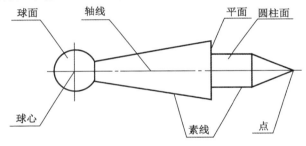

图 3.0.1 零件的几何要素

1. 零件的几何要素的分类

零件的几何要素按存在的状态可分为理想要素和实际要素。理想要素是具有几何学意义的要素,即设计图样上给出的要素,它不存在任何误差;实际要素是零件上实际存在的要素,通常用测得要素来代替。由于存在测量误差,测得要素并非是实际要素的真实体现。理想要素和实际要素如图3.0.2所示。

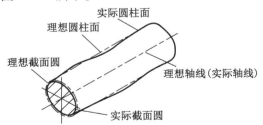

图 3.0.2 理想要素和实际要素

零件的几何要素按所处的地位可分为被测要素和基准要素。被测要素是设计图样上给出了形状或位置公差要求的要素,即需要检测的要素;基准要素是用来确定被测要素方向和(或)位置的要素。

图3.0.3中的圆柱面的轴线即为基准要素。

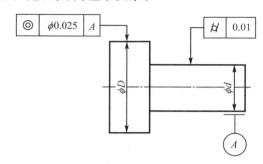

图 3.0.3　零件的基准要素示例

零件的几何要素按结构特征可分为轮廓要素和中心要素。轮廓要素是构成零件外形的要素;中心要素是对称轮廓要素的对称中心面、中心线或点。

零件的几何要素按功能关系可分为单一要素和关联要素。单一要素是仅对其本身给出形状公差要求的要素;关联要素是与其他要素有功能关系的要素,即对其他要素有位置公差要求的要素。

2. 几何公差的类型、名称及符号

零件的几何误差是关于零件各个几何要素的自身形状和相互位置的误差,几何公差是指实际要素较图样上给定的理想形状、理想方位的允许变动量,包括形状公差、方向公差、位置公差和跳动公差。几何公差的类型、名称及符号见表3.0.1。

表 3.0.1　几何公差的类型、名称及符号

类型	名称	符号	有无基准	类型	名称	符号	有无基准
形状公差	直线度	▬	无	方向公差	面轮廓度	⌓	有
	平面度	▱	无	位置公差	位置度	⊕	有或无
	圆度	○	无		同心度	◎	有
	圆柱度	⌭	无		同轴度	◎	有
	线轮廓度	⌒	无		对称度	═	有
	面轮廓度	⌓	无		线轮廓度	⌒	有
方向公差	平行度	∥	有		面轮廓度	⌓	有
	垂直度	⊥	有	跳动公差	圆跳动	↗	有
	倾斜度	∠	有		全跳动	⌰	有

为了限制在空间各个方向产生的形状、方向和位置误差,对实际要素给出了一个允许变动的区域。这个限制实际要素变动的区域称为几何公差带。一个确定的几何公差带由形状、大小、方向和位置四个要素确定。

任务 3.1　零件直线度的检测

3.1.1　任务导入

直线度指零件被测的线要素直的程度。直线度公差指实际被测直线较理想直线的允许变动量。直线度对零件使用有什么影响? 直线度公差如何检测? 本次任务我们就零件直线度的检测展开学习。

3.1.2　任务描述

实训基地有一批小垫铁和长方形垫铁,如图 3.1.1 和图 3.1.2 所示,要求对其进行检测并确保其尺寸合格。

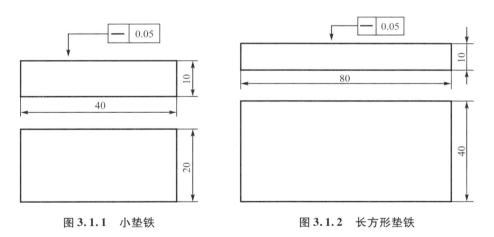

图 3.1.1　小垫铁　　　　　　　　　　图 3.1.2　长方形垫铁

任务要求:正确地识读图样,合理选择工、量具;采用正确的方法检测小垫铁和长方形垫铁的直线度,并判断其是否合格;检测完成后提交检测报告单。

3.1.3　任务分析

本次任务中,我们需要完成零件直线度的检测,完成零件的综合检测。

【思考与练习】

1. 查阅相关资料说出直线度公差的概念及其公差带的几种形式。

2. 根据相关资料识读图3.3.1中几何公差框格的含义。

3. 小工件的直线度误差常用刀口尺进行检测,简述刀口尺的形状。

4. 查阅资料说出刀口尺的用途及使用刀口尺的注意事项。

5. 用手中的刀口尺及小工件演示说明使用刀口尺测量直线度误差的步骤。

3.1.4 知识链接

1. 几何误差的概念及影响

零件在机械加工过程中不仅会产生尺寸误差,还会产生形状误差和位置误差(简称形位误差)。形位误差不仅会影响机械产品的质量,如工作精度、连接强度、运动平稳性、密封性、耐磨性、噪声和使用寿命等,还会影响零件的互换性。

如图3.1.3所示,一对间隙配合孔和轴,轴加工后的实际尺寸满足公差要求,但由于轴是弯曲的,存在形状误差,使得孔与轴还是无法进行装配。如图3.1.4所示,台阶轴的两轴线不处于同一直线上,即存在位置误差,因而无法装配到台阶孔中。

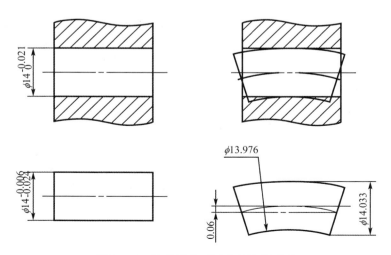

图3.1.3 形状误差对配合性能的影响

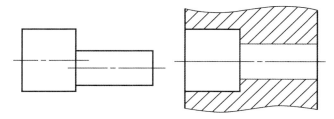

图 3.1.4　位置误差对装配性能的影响

为保证机械产品的质量和零件的互换性,应对形位误差加以限制,给出一个经济、合理的误差许可变动范围,即形位公差。

2. 形位公差的项目与符号

国家标准 GB/T 1182—1996《形状和位置公差通则、定义、符号和图样表示方法》将形位公差分为 14 种,其类型名称及符号见表 3.1.1。

表 3.1.1　几何公差的类型、名称及符号

公差类型	名称	符号	有无基准	公差类型	名称	符号	有无基准
形状公差	直线度	▬	无	方向公差	面轮廓度	⌒	有
	平面度	▱	无	位置公差	位置度	⊕	有或无
	圆度	○	无		同心度	◎	有
	圆柱度	⌀	无		同轴度	◎	有
	线轮廓度	⌒	无		对称度	═	有
	面轮廓度	⌒	无		线轮廓度	⌒	有
方向公差	平行度	//	有		面轮廓度	⌒	有
	垂直度	⊥	有	跳动公差	圆跳动	↗	有
	倾斜度	∠	有		全跳动	↗↗	有

3. 形位公差的标注方法

国家标准 GB/T 1182—1996 规定,在图样上,形位公差一般采用代号标注,无法采用代号标注时,允许在技术要求中用文字加以说明。形位公差的标注包括公差为框格、指引线和基准代号,公差框格里的内容包括公差项目符号、公差值、代表基准的字母及相关要求符号等,如图 3.1.5 所示。

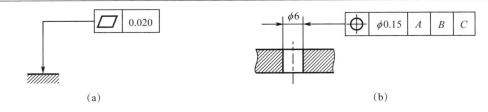

图 3.1.5　形位公差的标注

（1）公差框格

公差框格由两格或多格组成,两格的一般用于形状公差,多格的一般用于位置公差。公差框格一般水平放置,其线型为细实线。公差框格中的内容按以下顺序从左到右填写:公差项目符号;公差值(单位 mm)和有关符号;基准字母和有关符号。

（2）指引线

指引线由细实线和箭头组成,用来连接公差框格和被测要素。它从公差框格的一端引出,并保持与公差框格端线垂直,箭头指向相关的被测要素。当被测要素为轮廓要素时,指引线的箭头应置于要素的轮廓线或其延长线上,并与尺寸线明显错开;当被测要素为中心要素时,指引线的箭头应与该要素的尺寸线对齐,如图 3.1.6 所示。指引线原则上只能从公差框格的一端引出一条,可以曲折,但一般不多于两次。

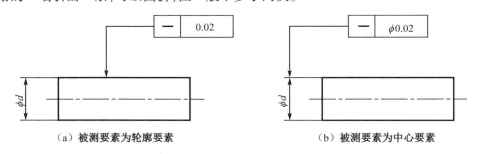

图 3.1.6　指引线箭头指向的位置

（3）基准代号

基准符号与基准代号如图 3.1.7 所示。

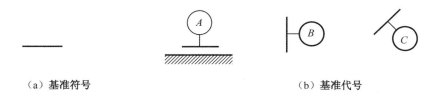

图 3.1.7　基准符号与基准代号

代表基准的字母用大写英文字母(为不引起误解,其中 E,I,J,M,O,P,L,R,F 不用)表示。单一基准用一个字母表示;公共基准用由横线隔开的两个字母表示;基准体系用两个或三个字母表示,按基准的先后次序从左到右排列,分别为第 I 基准,第 II 基准和第 III

基准。

　　相对于被测要素的基准,用基准符号表示在基准要素上,字母应与公差框格内的字母相对应,并均应水平书写,如图 3.1.8 所示。当基准要素为轮廓要素时,基准符号应置于要素的轮廓线或其延长线上,并与尺寸线明显错开;当基准要素为中心要素时,基准符号应与该要素的尺寸线对齐。基准代号标注方法如图 3.1.9 所示。

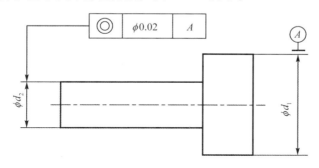

图 3.1.8　基准代号标注方法

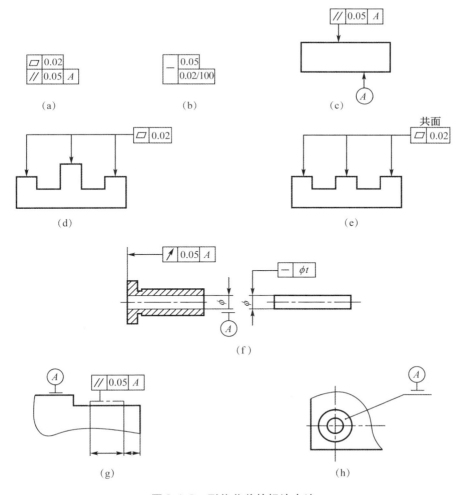

图 3.1.9　形位公差的标注方法

(4)在形位公差的标注中,应注意以下问题。

①当同一被测要素有多项形位公差要求时,其标注方法如图3.1.9(a)所示;

②当同一要素的公差值在全部要素内和其中任一部分有进一步的限制时,其标注方法如图3.1.9(b)所示;

③被测要素和基准要素可以互换时,称为任选基准,其标注方法如图3.1.9(c)所示;

④当几个被测要素有同一数值的公差带要求时,其标注方法如图3.1.9(d)所示;

⑤用同一公差带控制几个被测要素时,应在公差框格上注明"共面"或"共线",如图3.1.9(e)所示;

⑥当指引线的箭头(或基准符号)与尺寸线的箭头重叠时,尺寸线的箭头可以省略,如图3.1.9(f)所示;

⑦如仅要求要素某一部分的公差值或以某一部分作为基准,则用粗点画线表示其范围,并加注尺寸,如图3.1.9(g)所示;

⑧当被测要素(或基准)为视图上局部表面时,指引线的箭头(或基准符号)可置于带点的参考线上,该点指在实际表面上,如图3.1.9(h)所示;

⑨如要求在形位公差带内进一步限定被测要素的形状,则应在公差值后面加注符号。

4. 形位公差带

形位公差带是用来限制被测实际要素变动的区域。它是一个几何图形,只要被测要素完全落在给定的公差带内,就表示被测要素的形状和位置符合设计要求。

形位公差带具有形状、大小、方向和位置四要素。形位公差带的形状由被测要素的理想形状和给定的公差特征所决定。形位公差带的主要形状如图3.1.10所示。

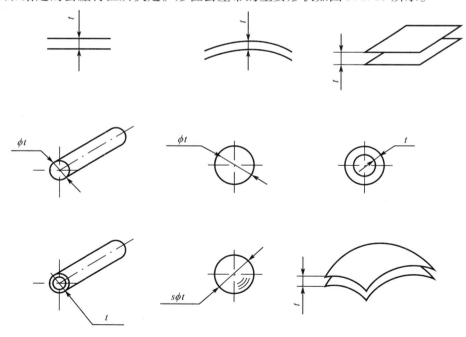

图3.1.10 形位公差带的主要形状

形位公差带的大小由公差值确定,即公差带的宽度或直径等。形位公差带的方向是指与公差带延伸方向相垂直的方向,通常为指引线箭头所指的方向。形位公差带的位置有固定和浮动两种:图样上基准要素的位置一经确定,其公差带的位置不再变动,则称公差带位置固定;公差带的位置可随实际尺寸的变化而变动,则称公差带位置浮动。

5. 基准

基准用来确定被测要素的方向或(和)位置,图样上标注的任何一个基准都是理想要素,但基准要素本身也是实际加工出来的,也存在形状误差。在检测中,通常用形状足够精确的表面模拟基准。例如,基准平面可用平台、平板的工作面来模拟;孔的基准轴线可用孔与无间隙配合的心轴、可胀式心轴的轴线来模拟;轴的基准轴线可用 V 形块来模拟。

基准通常分为以下 3 种。

(1)单一基准

由一个要素建立的基准称为单一基准,如图 3.1.11 所示。

(2)组合基准(公共基准)

凡由两个或两个以上要素建立的一个独立的基准称为组合基准或公共基准,如图 3.1.12 所示。

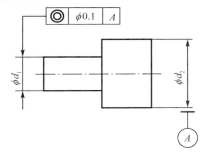

图 3.1.11　单一基准

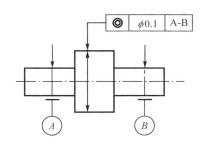

图 3.1.12　组合基准

(3)基准体系

由 3 个相互垂直的平面构成的基准体系称为三基面体系,这 3 个平面都是基准平面。每两个基准平面的交线构成基准轴线,三轴线的交点构成基准点。应用三基面体系时,在图样上标注基准应注意基准的顺序,应选最重要的或最大的平面作为第 I 基准,选次要的或较长的平面作为第 II 基准,选不重要的平面作为第 III 基准。

6. 直线度公差

直线度是零件上被测直线直的程度。直线度公差是实际直线较理想直线允许的变动量,用于控制平面或空间直线的形状误差,其被测要素是直线要素。

直线度公差带的形状随被测实际直线所在位置和测量方向的不同而不同。根据零件的设计要求,可分别给出在给定平面内、给定方向上和任意方向上的直线度要求。直线度公差带含义及标注和解释见表 3.1.2。

表 3.1.2　直线度公差带含义及标注和解释

公差带含义	标注和解释
在给定平面内,公差带是距离为公差值 t 的两平行直线之间的区域	被测表面的素线必须位于平行于图样所示投影面且在距离为公差值 0.1 mm 的两平行直线内 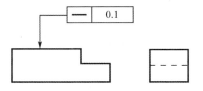
在给定方向上,公差带是距离为公差值 t 的两平行平面之间的区域 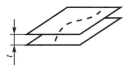	被测圆柱面的任一素线必须位于距离为公差值 0.1 mm 的两平行平面之内 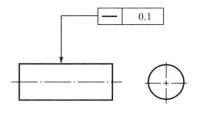
如在公差值前加注 ϕ,则公差带是直径为 t 的圆柱面内的区域 	被测圆柱体的轴线必须位于直径为公差值 1 mm 的圆柱面内 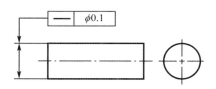

7. 刀口尺

刀口尺是具有一个测量面的刀口形直尺,如图 3.1.13 所示。刀口尺主要用来测量工件的直线度和平面度误差,用刀口尺测量工件的直线度误差的方法如图 3.1.14 所示。

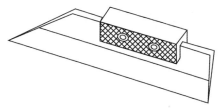

图 3.1.13　刀口尺　　　　　图 3.1.14　刀口尺测量工件的直线度误差的方法

8. 刀口尺使用注意事项

(1)测量前,检查刀口尺是否清洁,不得有划痕、碰伤、锈蚀等缺陷。

(2)手握绝热板,避免温度对测量结果造成影响和产生锈蚀。

(3)使用刀口尺时不得碰撞。

(4)刀口尺测量工件直线度时,工件的粗糙度应不大于 0.04 μm。

(5)使用完毕后,刀口尺工作面涂防锈油并用防锈纸包好,放回尺盒。

9. 用刀口尺测量直线度误差的步骤

(1)手握刀口尺绝热板,不要对刀口尺施加压力,使工作棱边与被测面紧密贴合接触。

(2)观察刀口尺与被测直线间的最大光隙。光隙较大时,用塞尺测量数值;光隙较小时,与标准光隙比较估读数值大小。

刀口尺简单实用,其测量精度与经验有关。受刀口尺尺寸限制,刀口尺只适于检测小平面的直线度以及小尺寸圆柱面、圆锥面的素线直线度。

3.1.5　任务实施

任务一　小垫铁检测

步骤一　选择并领取工、量具。

依据图样技术要求,选择工、量具,并填写工、量具领用单,领取工、量具。

步骤二　测量零件的各部位尺寸。

用所选用的工、量具测量零件各部位尺寸,判断其是否合格。

步骤三　用刀口尺测量零件直线度误差。

(1)清理零件、刀口尺等,手握刀口尺护板,不要对刀口尺施加压力,使工作棱边与被测面紧密贴合接触。

(2)观察刀口尺与被测直线间的最大光隙。光隙较大时,用塞尺测量数值;光隙较小时,通过观察透光颜色判断间隙大小。间隙大于 2.5 μm,透光颜色为白光;间隙为 1 ~ 2 μm,透光颜色为红光;间隙为 1 μm,透光颜色为蓝光;间隙小于 1 μm,透光颜色为紫光;间隙小于 0.5 μm,不透光。

步骤四　对被测零件表面不同的位置进行多次测量,将数据填入表 3.1.3 中。

表 3.1.3　小垫铁直线度误差测量值记录表

测量次数	1	2	3	4	5	6	7	8
测量值								

数据处理:取测得的最大值与最小值之差作为该零件的直线度误差。

合格判定:判断零件＿＿＿＿＿＿＿＿＿＿＿。

任务二　长方形垫铁检测

步骤一　选择并领取工、量具。

依据图样技术要求,选择工、量具,并填写工、量具领用单,领取工、量具。

步骤二　测量零件的各部位尺寸。

用所选用的工、量具测量零件各部位尺寸,判断其是否合格。

步骤三　用刀口尺测量零件直线度误差。

(1)清理零件、刀口尺等,手握刀口尺护板,不要对刀口尺施加压力,使工作棱边与被测面紧密贴合接触。

(2)观察刀口尺与被测直线间的最大光隙。光隙较大时,用塞尺测量数值;光隙较小时,通过观察透光颜色判断间隙大小。间隙大于 2.5 μm,透光颜色为白光;间隙为 1 ~ 2 μm,透光颜色为红光;间隙为 1 μm,透光颜色为蓝光;间隙小于 1 μm,透光颜色为紫光;间隙小于 0.5 μm,不透光。

步骤四　对被测零件表面不同的位置进行多次测量,将数据填入表 3.1.4 中。

表 3.1.4　长方形垫铁直线度误差测量值记录表

测量次数	1	2	3	4	5	6	7	8
测量值								

数据处理:取测得的最大值与最小值之差作为该零件的直线度误差。

合格判定:判断零件＿＿＿＿＿＿＿＿＿＿＿＿＿＿＿。

3.1.6　任务评价

完成检测工作后,结合测评表(表 3.1.5、表 3.1.6),对本组检测的工件进行自评,对出现的问题查找原因,并提出改进措施。

表 3.1.5　测评表(任务一)

评价内容	测评标准	自评结果	判定结果	教师测评
	30			
	20			
	30			
文明操作	20			
最终得分				

说明:

(1)检测过程中,操作不当、不规范,扣 10 分;

(2)操作过程中出现不文明生产行为,根据情况扣 5 ~ 10 分;

(3)尺寸检测不正确,扣 5 分;

(4)不符合 6S 管理要求,根据情况扣分。

表 3.1.6 测评表(任务二)

评价内容	测评标准	自评结果	判定结果	教师测评
	30			
	20			
	30			
文明操作	20			
最终得分				

说明:

(1)检测过程中,操作不当、不规范,扣 10 分;

(2)操作过程中出现不文明生产行为,根据情况扣 5 ~ 10 分;

(3)尺寸检测不正确,扣 5 分;

(3)不符合 6S 管理要求,根据情况扣分。

任务 3.2　零件平面度的检测

3.2.1　任务导入

平面度公差是单一实际平面所允许的变动全量。本次任务我们系统地进行零件平面度的检测。

3.2.2　任务描述

现有一批长方形平板,要对该批零件进行检测并确保其尺寸合格。

任务要求:正确地识读图样,合理选择工、量具;采用正确的方法检测零件,并判断其是否合格;检测完成后提交检测报告单。

3.2.3　任务分析

本次任务中,我们需要完成零件平面度的检测,完成零件的综合检测。

【思考与练习】

(1)查阅相关资料说出平面度公差的概念及其公差带的几种形式。

(2)根据相关资料识读几何公差框格的含义。

3.2.4　知识链接

1. 平面度公差的相关概念

（1）平面度公差

平面度是限制实际表面较理想平面变动的一项指标。平面度公差是实际平面较理想平面所允许的最大变动量，其被测要素是平面要素。平面度公差用于控制平面的形状误差。图 3.2.1 为平面度公差形状。

（2）平面度公差的标注及平面度公差带

平面度公差带为间距等于公差值 t 的两平行平面所限定的区域。被测要素为平面，为轮廓要素，公差带可浮动。图 3.2.2 中，提取（实际）表面应限定在间距等于 0.08 的两平行平面之间。

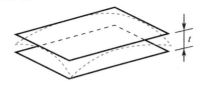

图 3.2.1　平面度公差形状　　　　图 3.2.2　平面度公差的标注及公平面度差带

2. 指示表类量仪

指示表类量仪包括百分表（精度为 0.01 mm）、千分表（精度为 0.001 mm）、杠杆百分表、杠杆千分表、内径百分表、内径千分表、深度百分表等。其共同特点是将反映被测尺寸变化的测杆的微小直线位移经机械放大后转换为指针的旋转或角位移，在刻度表盘上指示测量结果。

指示表类量仪主要采用微差比较法测量各种尺寸，也可用直接测量法测量微小尺寸及机械零件的形位误差，还可用作专用计量仪器及各种检验夹具的读数装置，用途非常广泛。

（1）百分表

百分表的工作原理是将测杆的直线位移通过齿条和齿轮传动系统转变为指针的角位移，从而在刻度表盘上指示出测量结果。百分表的分度值为 0.01 mm，主要用于测量长度尺寸、形位误差和检测机床的几何精度等，是机械加工生产和机械设备维修中不可缺少的量具。其外形结构如图 3.2.3 所示。

百分表内部结构如图 3.2.4 所示。测杆上的齿条与轴齿轮啮合；与轴齿轮同轴的片齿轮 1 与中心齿轮啮合；中心齿轮连接长指针；中心齿轮与片齿轮 2（与片齿轮 1 相同）啮合；片齿轮 2 连接短指针。

当被测尺寸变化引起测杆上下移动时，测杆上部的齿条即带动轴齿轮及片齿轮 1 转动，此时，中心齿轮与其轴上的长指针也随之转动，并在表盘上指示值。同时，短指针通过片齿轮 2 指示出长指针的回转圈数。

为了消除齿轮传动中因啮合间隙引起的误差，使传动平稳可靠，在片齿轮上安装了游丝。百分表的测力由弹簧产生。

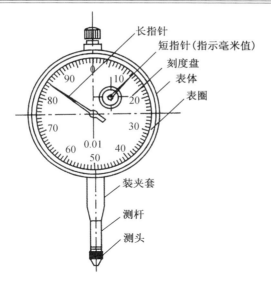

图 3.2.3　百分表外形结构

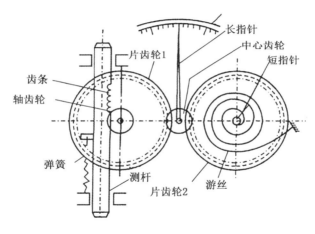

图 3.2.4　百分表内部结构

在百分表的刻度盘上,一般刻成 100 等份,每 1 等份为 0.01 mm,一般百分表的测量范围为 0~3 mm、0~5 mm 和 0~10 mm

（2）千分表

千分表的外形结构和测量范围与百分表大致相同,其传动系统主要也是采用齿条和齿轮传动系统。测量范围为 0~1 mm、0~2 mm 和 0~3 mm。

（3）杠杆百分表和杠杆千分表

杠杆百分表根据外形结构分为正面式杠杆百分表、侧面式杠杆百分表和端面式杠杆百分表三种。杠杆百分表和杠杆千分表的区别在于是用百分表还是千分表进行读数。杠杆百分表的工作原理是利用杠杆—齿轮（或杠杆—螺旋）做传动机构,将被测尺寸微小变化（测杆摆动）转换为指针回转运动。

杠杆百分表的用途与普通百分表类似。杠杆百分表的钢球测头可在垂直平面内做 180°的转动,使用更为灵便,可测量普通百分表难以测量的小孔、沟槽及某些坐标尺寸。

杠杆百分表的分度值为 0.01 mm,量程为 0.8 mm 或 1 mm;杠杆千分表的分度值为 0.002 mn,量程为 0.2 mm。

带定位护桥的杠杆式内径表用于测量较大内径尺寸,在测量范围内又分若干小段,每段换用一个长度不同的可换测头。可换测头用螺纹拧紧在主体的相应螺孔内,与可换测头同轴的还有活动测头。

带定位护桥的滚道式内径表的活动测头向内移动时,将推动钢球沿 V 形槽滚道移动,钢球推动传动杆上移,将被测内径的尺寸变化传递给指示表。V 形槽与活动测头的轴线成 45°角安置,故测头移动量能 1:1 地传递给指示表。

当涨簧式内径表的涨簧测头因被测内径尺寸变小而受到压缩时,将挤压带有精密研磨锥面的传动杆向上推动指示表。这种内径表只能测 6～18 mm 或者更小的孔径尺寸。

钢球式内径表中与被测内径接触的测头测量部位和定位部位都使用钢球,这种结构形式的内径表也只能测较小尺寸的内径。其外形结构如图 3.2.5 所示。

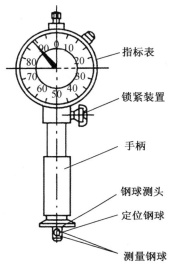

图 3.2.5　钢球式分表外形结构

（4）深度百分表

深度百分表由专用百分表、锁紧装置、基座和可换测杆等组成,其外形结构如图 3.2.6 所示,并附有校对用的量具。

深度百分表主要用于测量盲孔、凹槽等深度尺寸。其可换测杆可更换,以适应不同的测量范围。深度百分表的本值范围为 0～10 mm,测量范围为 0～100 mm。

百分表还有大量程百分表,其传动原理及用途与普通百分表相似。大量程百分表测量范围一般有 0～20 mm、0～30 mm 和 0～50 mm 等,由于量程较大,可以用于绝对法测量工件的尺寸。

3. 使用千分尺测量平板的平行度误差

平面度公差是用来限制平面的形状误差的,其公差带是距离为公差值的两平行平面之间的区域。理想形状的位置应符合最小条件。常见的平面度测量方法有用指示表测量平面度误差、用光学平晶测量平面度误差、用水平仪测量平面度误差及用自准仪和反射镜测量平面度误差,用各种不同的方法测得的平面度误差,应进行数据处理,然后按一定的评定准则处理结果。

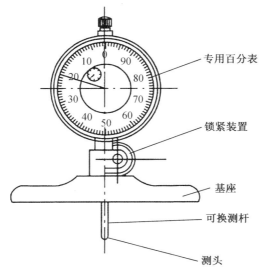

图 3.2.6 深度百分表外形结构

标注: 专用百分表、锁紧装置、基座、可换测杆、测头

由两平行平面包容实际被测要素时,实现至少四点或三点接触,且具有下列形式之一者,即为最小包容区域,其平面度误差值最小。最小包容区域的判别方法有下列三种形式。

两平行平面包容被测表面时,被测表面上有 3 个最低点或 3 个最高点及 1 个最高点或 1 个最低点分别与两包容平面接触,并且最高点或最低点能投影到 3 个最低点或 3 个最高点之间,则这两个平行平面符合最小包容区域原则,如图 3.2.7 所示。

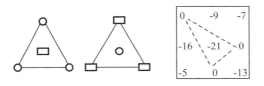

图 3.2.7 平面度误差的最小包容区域判别法(1)

被测表面上有 2 个最高点和 2 个最低点分别与两个平行的包容面相接触,并且 2 个最高点投影于 2 个最低点连线之两侧,则两个平行平面符合最小包容区域原则,如图 3.2.8 所示。

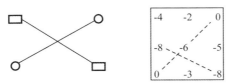

图 3.2.8 平面度误差的最小包容区域判别法(2)

被测表面的同一截面内有 2 个最高点及 1 个最低点(或相反)分别和两个平行的包容面相接触,则两平行平面符合最小包容区域原则,如图 3.2.9 所示。

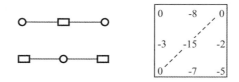

图 3.2.9　平面度误差的最小包容区域判别法(3)

4.平面度误差测量方法

（1）三远点法

在生产中常用三远点法来测量平面度误差,其原理是通过被测实际表面相距最远且不在一条直线上的三个点建立一个基准面,各测点对此基准平面的偏差中的最大值与最小值之差即为平面度误差,故三远点法又称三角形法。

实测时,可以在被测表面上找到 3 个等高点,并且调到零。在被测表面上按布点测量,与三角形基准平面相距最远的最高点和最低点间的距离为平面度误差值。

（2）对角线法

对角线法是通过被测表面的一条对角线作另一条对角线的平行平面,该平面即为基准平面。偏离此平面的最大值和最小值的绝对值之和为平面度误差。

5.具体测量方法及步骤

（1）三远点法

依据平板的尺寸大小,在平板工作平面上均匀布置多个测量点,如图 3.2.10 所示。

将平板的工作平面朝上,在检验平板上放三个可调支撑,将平板支撑起来。使三个支撑的位置为平板相距最远的三个点,如图 3.2.11 所示。

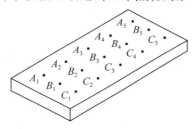

图 3.2.10　均匀布置多个测量点

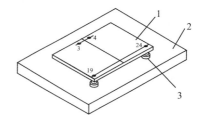

图 3.2.11　平板支撑示意图

将千分表装在表架上,使测杆垂直于工作台被测平板表面,调节可调支撑使三个点检验平板的距离一致,如图 3.2.12 所示。

将千分表调零,逐一测量被测平板表面各个测量点相对于基准平面的误差值,测得最大值与最小值的差值即为平面度误差值。误差值在给定公差范围内则检测结果合格,误差值不在给定公差范围内则检测结果不合格。

（2）对角线法

检测时,将被测零件放在平板上,带千分表的测量架放在平板上,并使千分表测量头垂直地指向被测零件表面,压表并调整表盘,使指针指在零位。然后,如图 3.2.13 所示,将被测平板沿纵横方向均布画好网格,四周离边缘 10 mm,其画线的交点为测量的 9 个点。同时记录各点的读数值。全部被测点的测量值取得后,按对角线法求出平面度误差。

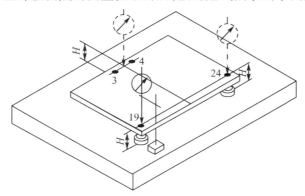

图 3.2.12　平板基准

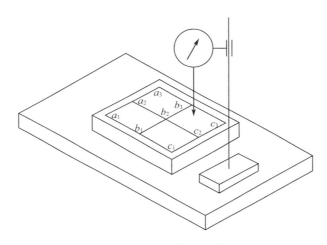

图 3.2.13　测定示意图

3.2.5　任务实施

步骤一　选择并领取工、量具。

依据图样技术要求,选择工、量具,并填写工、量具领用单,领取工、量具。

步骤二　测量零件的各部位尺寸。

用所选用的工、量具测量零件各部位尺寸,判断其是否合格。

步骤三　用千分表测量平板的平面度误差。

清理零件、检验平板、千分表等,将被测零件支撑在检验平板上,调整被测表面任意三个远点,使其相对于检验平面等高。

将千分表安装于表架上,使测杆垂直于工作台被测平板表面,推动表座,记录读数。

步骤四　对被测零件表面不同的位置进行多次测量,将测量数据填入表 3.2.1 中。

表 3.2.1 平板平面度误差测量值记录表

测量序号	1	2	3	4	5	6	7	8	9	10
千分表值										

数据处理:取测得的最大值与最小值之差作为该零件的平面度误差。

合格判定:判断零件_____。

3.2.6 任务评价

完成检测工作后,结合测评表(表3.2.2)进行自评,对出现的问题查找原因,并提出改进措施。

表 3.2.2 测评表

评价内容	测评标准	自评结果	判定结果	教师测评
	15			
	15			
	15			
	35			
文明操作	20			
最终得分				

说明:

(1)检测过程中,操作不当、不规范,扣10分;

(2)操作过程中出现不文明生产行为,根据情况扣5～10分;

(3)尺寸检测不正确,扣5分;

(4)不符合6S管理要求,根据情况扣分。

任务 3.3 零件圆度、圆柱度的检测

3.3.1 任务导入

圆度和圆柱度是零件的形状公差的重要内容,本次任务我们就系统地学习该部分内容。

3.3.2 任务描述

实训基地有批同心轴,如图3.3.1所示,要求对其进行检测并确保其尺寸合格。

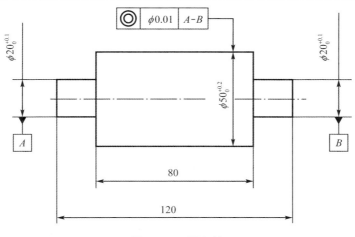

图 3.3.1　同心轴

　　任务要求:正确地识读图样,合理选择工、量具;采用正确的方法检测同心轴,并判断其是否合格;检测完成后提交检测报告单。

3.3.3　任务分析

本次任务中,我们需要完成零件圆度、圆柱度检测,完成零件的综合检测。

【思考与练习】

(1)查阅相关资料说出圆度公差的概念及其公差带的几种形式。

(2)根据相关资料识读图 3.3.1 中几何公差框格的含义。

(3)想一想怎样用外径千分尺测量零件的圆度误差。

(4)演示说明用三点测量法测量圆度误差的步骤。

(5)演示说明用两点测量法测量圆度误差的步骤。

（6）查阅资料说出圆柱度公差的概念及其功用。

（7）参考相关资料识读图3.3.1中圆柱度几何公差框格的含义及公差带形状。

（8）测量圆柱度误差的方法有圆度仪、三坐标仪测量法，这是专用的测量仪器检测法，也可以用百分表、检验平板和方箱测量，生产中常用后一种方法，试叙述其测量方法。

3.3.4　知识链接

1. 圆度公差

圆度公差用于限制回转表面（如圆柱面、圆锥面、球面）径向截面轮廓的形状误差。其公差带是在任意正截面上半径差为公差值 t 的两同心圆之间的区域，如图3.3.2所示。

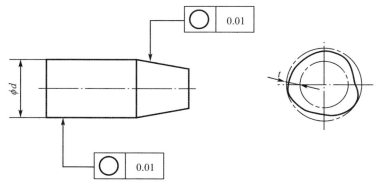

图 3.3.2　圆度公差示意图

图3.3.2中，零件圆锥面和圆柱面的圆度公差为0.01 mm，公差带在给定横截面内，半径差等于公差值0.01 mm 的同心圆所限定的区域。

2. 形位误差的检测原则

由于零件结构的形式多种多样，形位误差的特征项目又较多，所以形位误差的检测方法也很多。为了能够正确地检测形位误差，便于合理地检测形位误差、合理地选择测量方法、合理地选择量具和量仪，国家标准归纳出一套检测形位误差的方案。形位公差的检测原则有以下五个。

（1）与拟合要素比较原则

此原则即将被测要素与拟合要素比较，也就是将量值和允许误差值比较，在比较过程中测出实际要素的误差值，误差值可由直接方法和间接方法得出。这是大多数形位误差检测的原则。

例如，用实物体现的刀口尺刃口、平尺的工作面、一条拉紧的钢丝、平板的工作面以及样板的轮廓等都可以作为理想要素。理想要素还可以用一束光、水平线（面）体现。

（2）测量坐标值原则

被测要素无论是平面的还是空间的，它们的几何特征总是可以在适当的坐标系中反映出来。测量坐标值原则就是用坐标测量装置，如三坐标测量仪、工具显微镜，测量被测提取要素的坐标值，如直角坐标值、极坐标值，经过数据处理后获得形位误差值。

该原则适用于测量形状复杂的表面，数字处理工作比较复杂，适合使用计算机进行数据处理。

（3）测量特征参数原则

测量特征参数原则就是用被测提取要素上具有代表性的参数（即特征参数）来近似表示该要素的形位误差值。这是一种近似测量方法，易于实现，在实际生产中经常使用。

（4）测量跳动原则

测量跳动原则是在被测实际要素绕基准轴回转过程中，沿给定方向测量对其参考点或线的变动量。变动量是指指示器上最大与最小示值之差。跳动公差是按检测方法定义的，所以测量跳动原则主要用于图样上标注了圆跳动或全跳动公差时的测量。

（5）控制实效边界原则

控制实效边界原则就是检测被测提取要素是否超过最大实体实效边界，以判断零件是否合格。判断被测实体是否超过最大实体实效边界的有效方法是用综合量规检测。综合量规是模拟最大实体实效边界的全形量规。若被测实际要素能被综合量规通过，则表示该项形位公差要求合格。

3. 用三点法测量圆度误差

三点法是利用 V 形架的两侧面和百分表测量触头共三个点与被测圆接触，测量这三个点的位置变化作为直径的变化。

用三点法测量圆度误差的步骤如下。

（1）清理零件、V 形架、检验平板等，将零件放在 V 形架上，如图 3.3.3 所示。

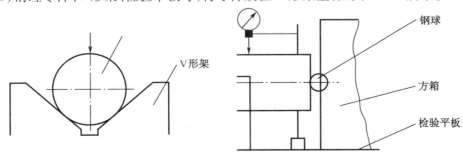

图 3.3.3　三点法测量圆度误差

（2）将百分表安装到表架上，调整百分表测杆垂直于零件轴线，将百分表预压 0.3 ~ 1 mm 的压缩量、校零。为保证在同一截面上测量，用钢球及方箱做轴向定位。

（3）被测零件旋转一周过程中，记录百分表最大值和最小值的差值的一半作为单个截面的圆度误差。

（4）按上述方法测量若干个截面，记录每个截面数据，取其中最大的误差值作为该零件的圆度误差。若误差值小于公差值，则零件合格，反之则不合格。

4. 用两点法测量圆度误差

两点法是利用直径方向上的两点对圆度进行测量的方法，如图 3.3.4 所示。检验时可采用游标卡尺、千分尺、百分表等量具，在被测零件回转一周过程中，测量孔或轴实际表面同一正截面的直径方向上尺寸的变动全量。将最大值和最小值的差值的一半作为单个截面的圆度误差，测量若干截面，取其中最大误差作为该零件的圆度误差。

两点法测量圆度误差的具体步骤如下。

（1）将被测零件放置在平台上，百分表安装到表架上，调整百分表，使测杆垂直指向零件，并保证始终处于零件的最大直径处。

（2）被测零件旋转一周，旋转零件时注意防止零件轴向移动。记录最大值和最小值的差值的一半，作为单个截面的圆度误差。

（3）均匀测量若干个截面，处理测得数据，取所有截面上所测得的最大误差值作为该零件的圆度误差值。若误差值小于公差值，则零件为合格，反之则不合格。

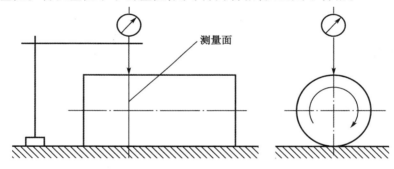

图 3.3.4　两点法测量圆度误差

5. 圆柱度公差

圆柱度公差用于限制被测实际圆柱面的形状误差。其公差带是半径差为公差值的两同轴圆柱之间的区域。

如图 3.3.5 所示，零件外圆柱面的圆柱度公差为 0.015 mm，公差带为半径差等于 0.015 mm 图 3.3.5 的两个同轴圆柱面所限定的区域。

注意：圆柱度公差可以同时限制实际圆柱表面的圆度误差和素线的直线度误差。

形状公差带的特点是其方向和位置可随被测实际要素而变动，即形状公差带的方向和位置是浮动的。

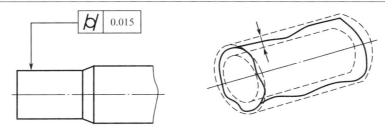

图 3.3.5　圆柱度公差示意图

6. 测量圆柱度误差的方法

圆柱度误差可以采用圆度仪、三坐标仪测量,也可以用百分表、检验平板和方箱测量,如图 3.3.6 所示。

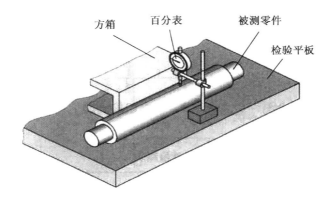

图 3.3.6　圆柱度误差的测量

圆柱度误差测量具体步骤如下。

(1)细长轴紧靠检验平板上的方箱。

(2)百分表触头与圆柱面在最高素线处接触。

(3)细长轴紧贴方箱回转一周,百分表最大与最小读数差值的一半作为该截面圆柱度误差。

(4)测量若干横截面,所测最大误差即为零件圆柱度误差。

需要注意的是:圆柱度的被测要素只能是圆柱面,不能是圆锥面。圆柱度误差的测量方法与圆度误差的测量方法基本一致,只是在测量过程中圆柱度误差测量选取的测量截面一般要比圆度误差测量多。在测量时,测量头也可以沿螺旋线移动。

3.3.5　任务实施

任务一　圆度误差的测量

步骤一　选择并领取工、量具。

依据图样技术要求,选择测量圆度误差的工、量具,并填写工、量具领用单,领取工、量具。

步骤二　测量零件的各部位尺寸。

用所选用的工、量具测量零件各部位尺寸,判断其是否合格。

步骤三　使用外径千分尺测量圆度误差。

(1)清理零件表面,校对外径千分尺的零位。

(2)用外径千分尺测量任意不同正截面的最大直径差。

步骤四　对被测零件表面不同的位置进行多次测量,将测量数据填入表3.3.1中。

表3.3.1　零件圆度误差测量值记录表

测量次数	1	2	3	4	5	6	7	8
各截面最大差值								
差值/2								

数据处理:测量若干个横截面,取其中最大误差值作为该零件的圆度误差值。

合格判定:判断零件_____。

任务二　圆柱度误差的测量

步骤一　选择并领取工、量具。

依据图样技术要求,选择测量圆柱度误差的工、量具,并填写工、量具领用单,领取工、量具。

步骤二　测量零件的各部位尺寸。

用所选用的工、量具测量零件各部位尺寸,判断其是否合格。

步骤三　用百分表、检验平板和方箱测量零件圆柱度误差。

(1)清理零件表面,将细长轴紧靠检验平板上的方箱。

(2)安装磁力表座,将百分表触头与圆柱面最高素线处接触,预压、校正百分表的零位。

(3)将细长轴紧贴方箱回转一周,观察百分表指针的摆动量。

(4)将该截面百分表最大与最小读数差值填入表3.3.2中。

表3.3.2　零件圆柱度误差测量值记录表

测量次数	1	2	3	4	5	6	7	8
差值								
差值/2								

数据处理:测量若干个横截面,取其中最大误差值作为该零件的圆柱度误差值。

合格判定:判断零件_____。

3.3.6　任务评价

完成检测工作后,结合测评表(表3.3.3、表3.3.4)进行自评,对出现的问题查找原因,并提出改进措施。

表 3.3.3   测评表(任务一)

评价内容	测评标准	自评结果	判定结果	教师测评
	30			
	20			
	30			
文明操作	20			
最终得分				

说明:

(1)检测过程中,操作不当、不规范,扣 10 分;

(2)操作过程中出现不文明生产行为,根据情况扣 5~10 分;

(3)尺寸检测不正确,扣 5 分;

(4)不符合 6S 管理要求,根据情况扣分。

表 3.3.4   测评表(任务二)

评价内容	测评标准	自评结果	判定结果	教师测评
	30			
	20			
	30			
文明操作	20			
最终得分				

说明:

(1)检测过程中,操作不当、不规范,扣 10 分;

(2)操作过程中出现不文明生产行为,根据情况扣 5~10 分;

(3)尺寸检测不正确,扣 5 分;

(3)不符合 6S 管理要求,根据情况扣分。

任务 3.4   零件平行度、垂直度的检测

3.4.1   任务导入

被测实际要素的位置较基准允许的变动全量称为位置公差。位置公差和形状公差的区别在于位置公差中存在基准要素,对被测要素起到定向或定位的作用。所以,位置

公差又分为定向公差、定位公差和跳动公差。定向公差是指实际要素较基准在方向上允许的变动全量,具有确定方向的功能,即确定被测要素相对于基准要素的方向精度。当被测要素对基准要素的理想方向为0°时,定向公差为平行度;当被测要素对基准的理想方向为90°时,定向公差为垂直度。本次任务我们就来讨论零件的平行度和垂直度检测。

3.4.2 任务描述

实训基地有一批L型铁和定位块,如图3.4.1和图3.4.2所示,要求对其进行检测并确保其尺寸合格。

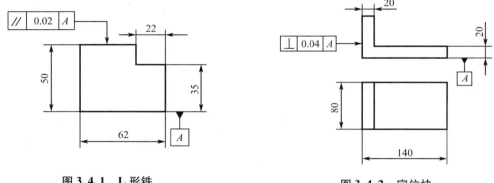

图 3.4.1 L形铁   图 3.4.2 定位块

任务要求:正确地识读图样,合理选择工、量具;采用正确的方法检测L形铁的平行度和定位块的垂直度,并判断其是否合格;检测完成后提交检测报告单。

3.4.3 任务分析

本次任务中,我们需要完成L形铁平行度检测和定位块垂直度检测,完成零件的综合检测。

【思考与练习】

(1)分析图样要求,指出图3.4.1、图3.4.2中几何公差的被测要素和基准要素各是什么。

(2)查阅资料说出平行度公差、垂直度公差的概念及其作用。

(3)参考相关资料说明平行度公差、垂直度公差分哪几种形式,各有什么功用。

（4）用手中的百分表和工件演示说明测量面对面平行度误差的步骤。

（5）用手中的百分表和工件演示说明测量面对面垂直度误差的方法。

3.4.4　知识链接

1. 平行度公差和公差带

平行度是限制被测要素（平面或直线）相对基准要素（平面或直线）在平行方向上变动全量的一项指标，用来控制被测要素相对于基准要素在平行方向偏离的程度。平行度公差分为四种形式，其功用、示例及读法、公差带形状及含义见表 3.4.1。

表 3.4.1　平行度公差

特征	功用	示例及读法	公差带形状及含义
线对线	用于限制被测直线对基准直线的平行度误差	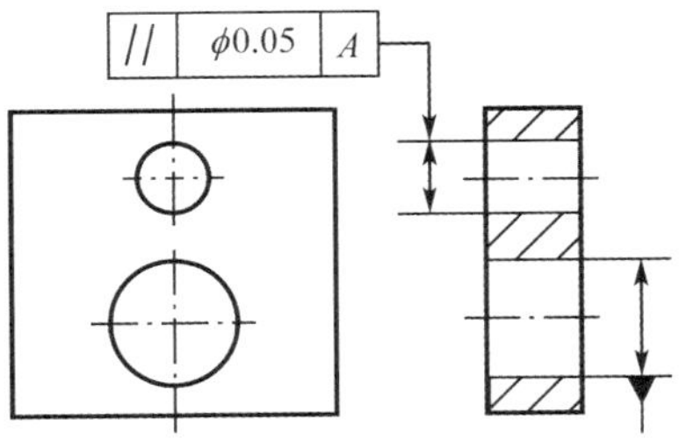 $//$　$\phi 0.05$　A 被测孔的轴线对基准孔的轴线的平行度公差为 0.05 mm	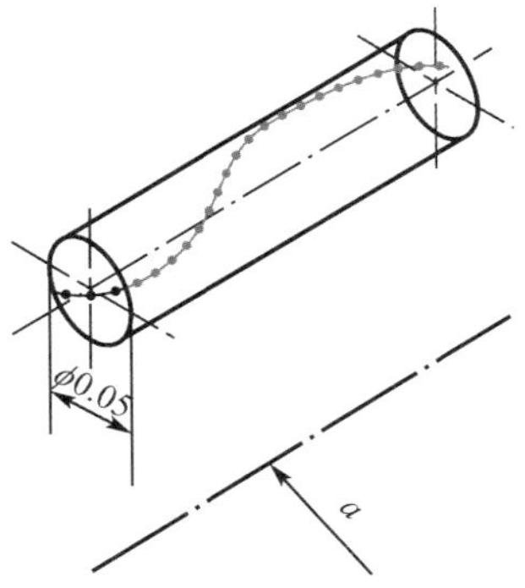 注：图中 a 为基准轴线。 公差值前加注了符号 ϕ，公差带为平行于基准轴线且直径等于公差值（0.05 mm）的圆柱面所限定的区域

表 3.4.1(续)

特征	功用	示例及读法	公差带形状及含义
线对面	用于限制被测直线对基准平面的平行度误差	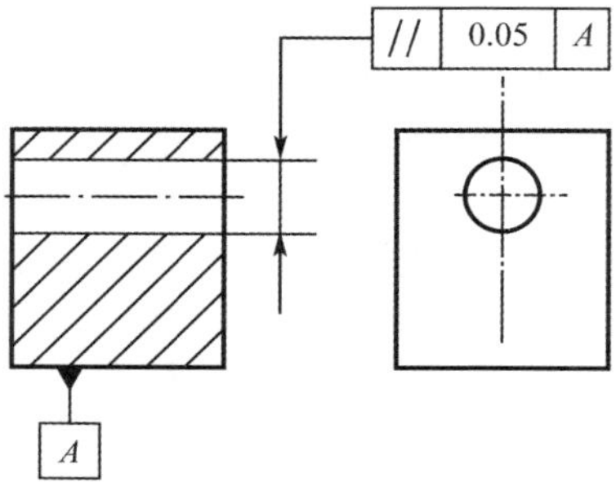 被测孔的轴线对零件下底面的平行度公差为 0.05 mm	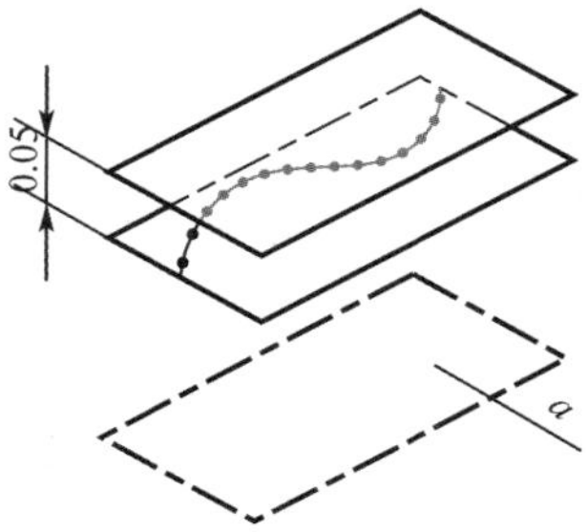 注:图中 a 为基准平面。公差带为平行于基准平面且间距等于公差值(0.05 mm)的两平行平面所限定的区域
面对线	用于限制被测平面对基准直线的平行度误差	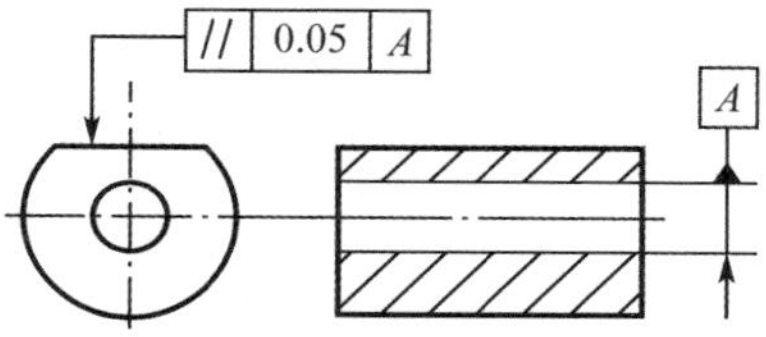 零件上平面对孔轴线的平行度公差为(0.05 mm)	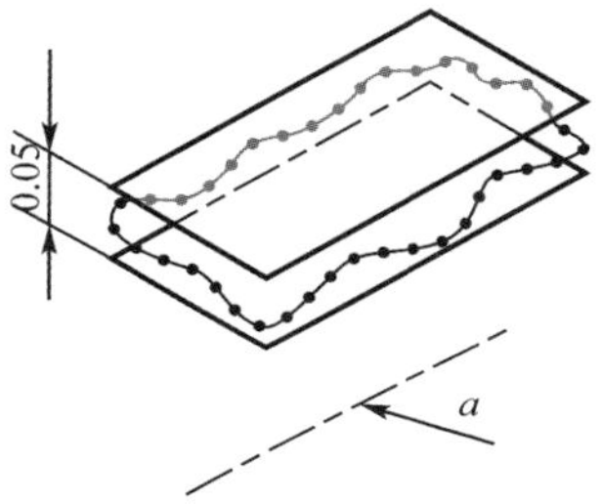 注:图中 a 为基准轴线。公差带为间距等于公差值(0.05 mm)且平行于基准轴线的两平行平面所限定的区域
面对面	用于限制被测平面对基准平面的平行度误差	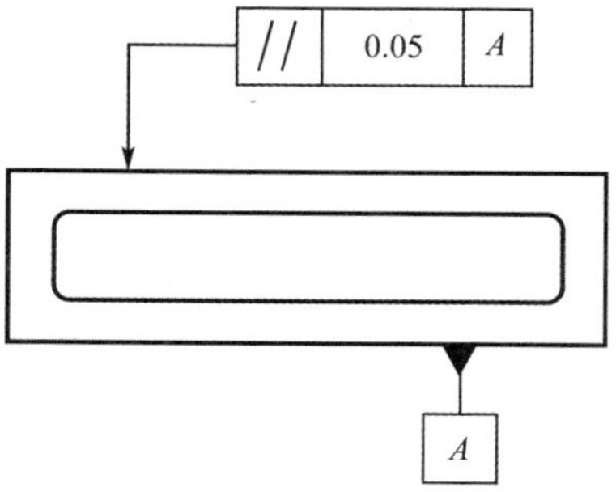 上平面对底面的平行度公差为(0.05 mm)	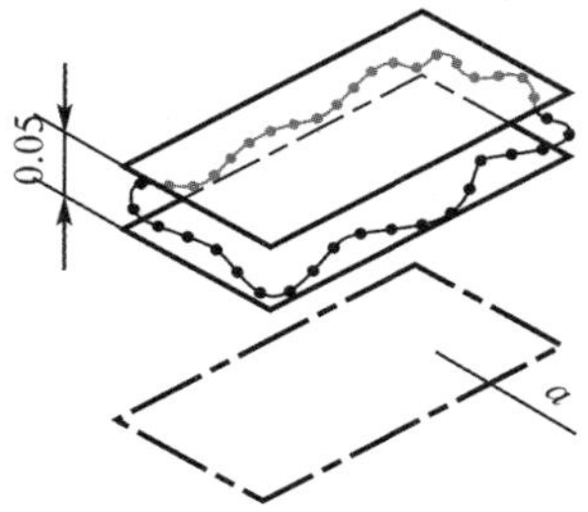 注:图中 a 为基准轴线。公差带为间距等于公差值(0.05 mm)且平行于基准平面的两平行平面所限定的区域

2. 基准符号

在几何公差中,方向、位置和跳动公差都与基准有关系,在几何公差框格的第三格要标注表示基准符号的字母。基准符号中的字母不得采用 E、F、I、J、L、M、O、P、R,以免混淆。基准符号由一个方框和一个涂黑的或空白的三角形用细实线连接而成,在方框内标注表示基准的字母。

3. 平面对基准平面的平行度误差的测量

(1)将被测零件放置在平板上,将百分表安装在磁力表座上。

(2)调整百分表测杆与被测表面垂直,预压 0.5 ~ 1 mm,对百分表调零。

(3)推动磁力表座,在整个被测表面多方向的位置上移动百分表进行测量。

(4)取测得的最大值与最小值之差作为该零件的平行度误差。若误差值小于公差值,则零件合格,反之则不合格。

4. 直线对基准平面的平行度误差的测量

用检验平板的工作面模拟基准平面,体现了基准的理想要素的位置。用心轴模拟被测孔的轴线,体现了实际被测要素的位置。测量心轴素线上两点相对于平板的高度差作为孔的轴线相对于基准平面的平行度误差。测量图 3.4.3 中零件轴线相对于零件底面的平行度误差的方法如下。

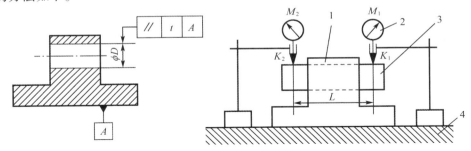

1—工件;2—百分表;3—心轴;4—检验平板

图 3.4.3　直线对基准平面的平行度误差的测量

(1)将工件 1 放在检验平板 4 上,将心轴 3 装入孔 ϕD 中,将百分表 2 装在表架上。

(2)在检验平板上移动表架,将百分表触头放在心轴素线 K_1 处,记录读数值 M_1;将百分表的触头移动到心轴素线 K_2 处,记录读数值 M_2。

(3)测量点 K_1 和 K_2 之间的尺寸 L,测量 ϕD 孔长度 l。

(4)计算孔轴线对基准平面 4 的平行度误差:$f = |M_1 - M_2| l/L$。

(5)判断工件的平行度是否合格。若误差值小于公差值,则零件合格,反之则不合格。

5. 直线对基准直线的平行度误差的测量

用一根心轴模拟基准轴线 A,体现了基准的理想要素的位置。用另一根心轴模拟被测孔的轴线,体现了实际被测要素的位置。图 3.4.4 中连杆的直径为 D_1 的孔的轴线相对于直径为 D_2 的孔的轴线 A 的平行度误差的测量方法如图 3.4.4 所示。

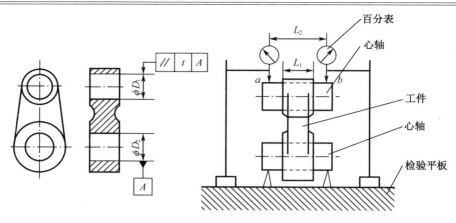

图 3.4.4　线对线平行度误差的测量

（1）将一根直径为 D_2 的心轴装入连杆的直径为 D_2 的孔中，并将其与连杆一起放在等高支承上。

（2）将百分表安装在表架上。

（3）将另一根直径为 D_2 的心轴装入连杆的直径为 D_2 的孔中。

（4）调整连杆，使两孔的轴线位于垂直于平板工作面的同一平面内。

（5）相距 L_2 的 a、b 两个位置，测量示数 M_a、M_b，长度上被测轴线相对于基准线的平行度误差为 $f = |M_a - M_b D_2| L_1 / L_2$。

（6）判断工件的平行度误差是否合格。

6. 垂直度公差和公差带

垂直度是限制被测要素（平面或直线）相对于基准要素（平面或直线）在垂直方向上变动全量的一项指标，即用来控制被测要素相对于基准要素的方向偏离 90° 的程度。垂直度公差分为四种形式，其功用、示例及读法、公差带形状及含义见表 3.4.2。

表 3.4.2　垂直度公差

特征	功用	示例及读法	公差带形状及含义
线对线	用于限制被测直线对基准直线的垂直度误差	⊥ 0.05 A 被测孔的轴线对基准轴线的垂直度公差为 0.05 mm	注：图中 a 为基准轴线。 公差带为间距等于公差值 0.05 mm 且垂直于基准轴线的两平行平面所限定的区域

表 3.4.2(续)

特征	功用	示例及读法	公差带形状及含义
线对面	用于限制被测直线对基准平面的垂直度误差	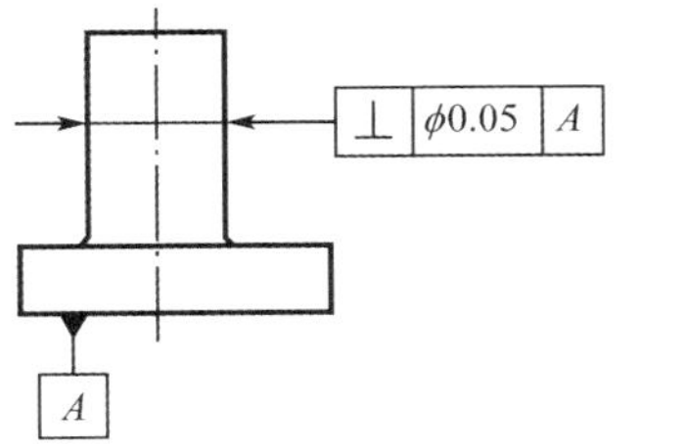 被测圆柱面的轴线对基准面的垂直度公差为 0.05 mm	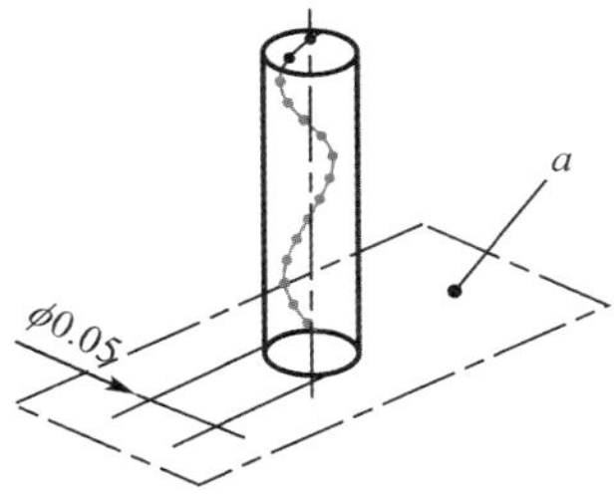 注:图中 a 为基准平面。 差值前加注了符号 φ,公差带为直径等于公差值 0.05 mm 且垂直于基准平面的圆柱面所限定的区域
面对线	用于限制被测平面对基准直线的垂直度误差	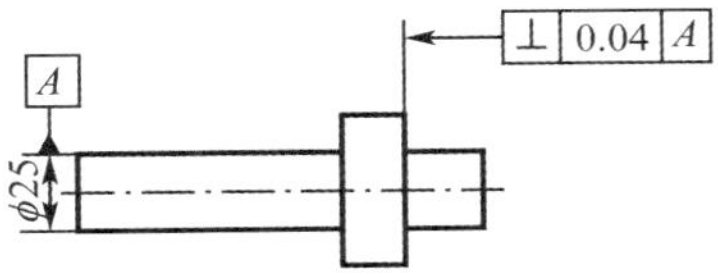 被测表面对基准轴线的垂直度公差为 0.04 mm	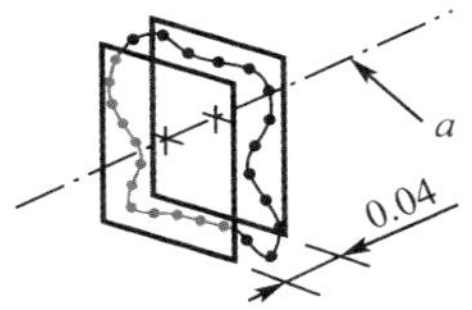 注:图中 a 为基准轴线。 公差带为间距等于公差值 0.04 mm 且垂直于基准轴线的两平行平面所限定的区域
面对面	用于限制被测平面对基准平面的垂直度误差	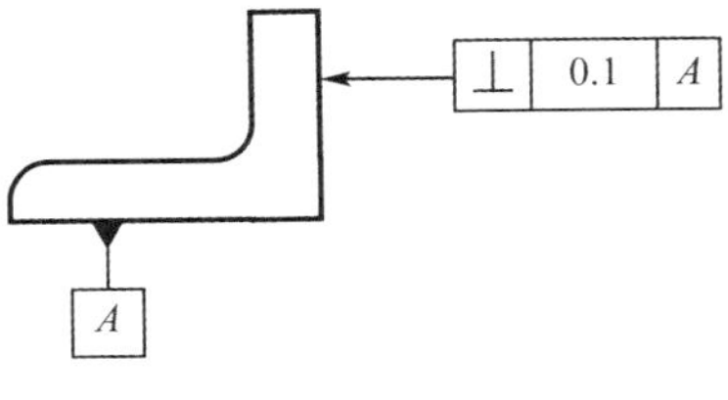 右侧面对底面的垂直度公差为 0.01 mm	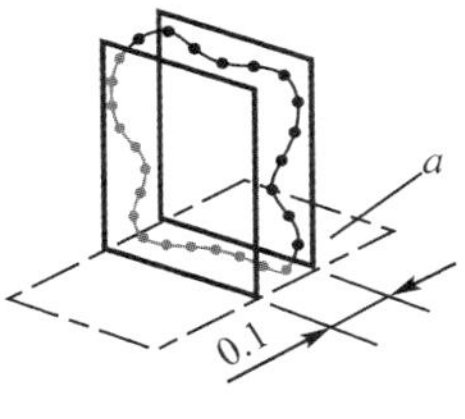 注:图中 a 为基准轴线。 公差带为间距等于公差值 0.1 mm 且垂直于基准平面的两平行平面所限定的区域

7. 用百分表测量定位块的垂直度误差

（1）如图 3.4.5 所示，使定位块的基准面紧贴方箱的垂直工作面，并用螺栓和压板先固定定位块。用方箱的垂直工作面模拟基准平面，将工件被测表面相对于基准平面的垂直度误差测量转换为该表面相对于检验平板工作面的平行度误差测量，并用百分表进行测量。

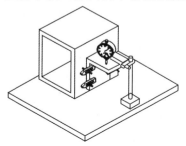

图 3.4.5 定位块垂直度检测

（2）为了测量被测表面相对于检验平板的平行度误差，需要调整定位块被测表面相对于检验平板的位置，即使被测表面靠近基准平面的部分上相距最远的两个点相对于检验平板的高度相等。在此可利用百分表检测这两点的高度，调整定位块，使百分表对这两点测得的示值相同，然后夹紧定位块。

（3）用百分表对各测量点进行测量，并记录测量数据，取百分表的最大示值与最小示值之差作为垂直度误差。若误差值小于公差值，则零件合格，反之则不合格。

8. 用 90°角尺和塞尺测量垂直度误差

如图 3.4.6 所示，将被测工件放在 90°角尺上，观察被测面与 90°角尺的间隙，用塞尺测其间隙的大小，从而测得垂直度误差。此方法适用于测量较小零件的垂直度误差。

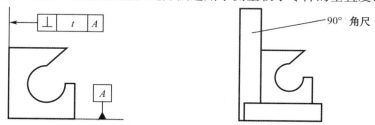

图 3.4.6 用 90°角尺和塞尺测量垂直度误差

3.4.5 任务实施

任务一 L 形铁平行度检测

步骤一 选择并领取工、量具。

依据图样技术要求，选择测量 L 形铁用的工、量具，并填写工、量具领用单，领取工、量具。

步骤二　测量零件的各部位尺寸。

用所选用的工、量具测量零件各部位尺寸,判断其是否合格。

步骤三　用百分表测量零件平行度误差。

(1)清理检验平板及工件,将百分表安装在磁力表座上。

(2)调整百分表测杆与被测表面垂直,预压调整百分表调零。

(3)推动磁力表座,在整个被测表面上多方向移动测量表进行测量,记录读数。

步骤四　用百分表对各测量点进行测量,并将检测结果填入表 3.4.3 中。

表 3.4.3　零件平行度误差测量值记录表

测量点序号	1	2	3	4	5	6	7	8
百分表最小示值								
百分表最大示值								
平行度误差								

数据处理:取测得的最大值与最小值之差作为该零件的平行度误差。

合格判定:判断零件_____。

任务二　定位块垂直度检测

步骤一　选择并领取工、量具。

依据图样技术要求,选择测量定位块用的工、量具,并填写工、量具领用单,领取工、量具。

步骤二　测量零件的各部位尺寸。

用所选用的工、量具测量零件各部位尺寸,判断其是否合格。

步骤三　测量零件垂直度误差。

用百分表测量定位块的垂直度误差。

(1)清理检验平板及工件,将定位块安装到方箱上。

(2)调整定位块的被测表面,使被测表面靠近基准平面的部分上相距最远的两个点相对于检验平板的高度相等。

步骤四　用百分表对各测量点进行测量,并将检测结果填入表 3.4.4 中。

表 3.4.4　零件垂直度误差测量值记录表

测量点序号	1	2	3	4	5	6	7	8
百分表最小示值								
百分表最大示值								
垂直度误差								

数据处理:取测得的最大值与最小值之差作为该零件的垂直度误差。

合格判定:判断零件_____。

3.4.6　任务评价

完成检测工作后,结合测评表(表3.4.5)进行自评,对出现的问题查找原因,并提出改进措施。

表 3.4.5　测评表

评价内容	测评标准	自评结果	判定结果	教师测评
	15			
	10			
	15			
	15			
	10			
	15			
文明操作	20			
最终得分				

说明:

(1)检测过程中,操作不当、不规范,扣10分;

(2)操作过程中出现不文明生产行为,根据情况扣5~10分;

(3)尺寸检测不正确,扣5分;

(4)不符合6S管理要求,根据情况扣分。

任务3.5　零件同轴度、对称度的检测

3.5.1　任务导入

定位公差是关联实际被测要素较具有确定位置的理想要素允许的变动全量。根据被测要素和基准之间的功能关系,定位公差分为位置度、同轴度和对称度。

定位公差带不但具有确定的方向,而且具有确定的位置,对相对于基准尺寸为理论正确的尺寸。

本次任务主要对零件的同轴度和对称度展开讨论,学习零件同轴度和对称度的检测方法。

3.5.2　任务描述

实训基地有一批台阶轴,如图3.5.1所示,现要对该批零件进行检测并判断其是否

合格。

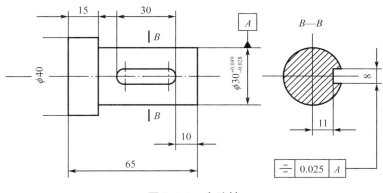

图 3.5.1　台阶轴

任务要求:正确地识读图样,合理选择工、量具;采用正确的方法检测台阶轴的同轴度和对称度,并判断其是否合格;检测完成后提交检测报告单。

3.5.3　任务分析

本次任务中,我们需要完成零件圆柱度和对称度的检测,完成零件的综合检测。

【思考与练习】

(1)分析图样要求,指出图 3.5.1 中几何公差的被测要素和基准要素。

(2)查阅相关资料说出同轴度公差、对称度公差的概念及其作用。

(3)查资料说出同轴度公差、对称度公差分哪几种形式,各有什么功用?

(4)用百分表和工件演示说明测量台阶轴同轴度误差的方法。

(5)用百分表和工件演示说明测量台阶轴上键槽对称度误差的方法。

3.5.4　知识链接

1.同轴度公差

同轴度公差是指被测要素(轴线)相对于基准要素(轴线)的允许变动全量,它是限制被测轴线相对基准轴线同轴的一项指标。同轴度公差的被测要素和基准要素均为轴线,其功用、示例及读法、公差带形状及含义见表 3.5.1。

表 3.5.1 同轴度公差

功用	示例及读法	公差带形状及含义
用于限制被测直线相对于基准直线的同轴度误差	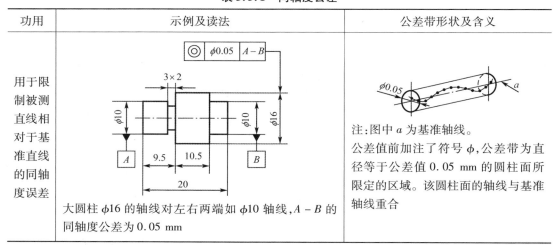 大圆柱 $\phi 16$ 的轴线对左右两端如 $\phi 10$ 轴线，$A-B$ 的同轴度公差为 0.05 mm	注：图中 a 为基准轴线。公差值前加注了符号 ϕ，公差带为直径等于公差值 0.05 mm 的圆柱面所限定的区域。该圆柱面的轴线与基准轴线重合

2. 用百分表测量台阶轴同轴度误差

将两个等高 V 形架放置在检验平板上，并调整两个 V 形架，使 V 形槽的对称中心平面共面。将台阶轴放置在 V 形架上，以检验平板作为测量基准，轴向定位。由于用两个 V 形架体现公共轴线，因此公共轴线平行于检验平板。如图 3.5.2 所示，在同一支架上安装两个百分表，使这两个百分表的测杆同轴且垂直于检验平板。

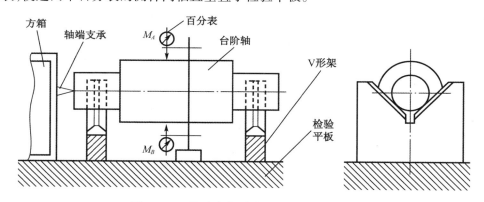

图 3.5.2 用百分表测量台阶轴同轴度误差

先将一个百分表（如上方的百分表）的测头与被测横截面的轮廓接触，记录该百分表的示值。然后，将台阶轴在 V 形架上回转 180°。如果这时该百分表的示值与第一次记录的示值相同，就可将另一个百分表的测头与被测横截面的轮廓接触，并将两个百分表调零。此时上、下两个百分表的测头相对于公共基准轴线 $A-B$ 对称。

当工件在 V 形架上回转 180° 后，若百分表的示值与第一次记录的示值不同，则需要稍稍转动工件，直到使工件回转 180° 后百分表的示值与第一次记录的示值相同为止。要尽量让百分表的触头与基准线在一个竖直平面内，否则测得的同轴度误差将偏大。

转动工件，在被测横截面轮廓的各处进行测量，记录每个测量位置上两个百分表的示值 M_A 和 M_B。取各个测量位置上示值之差的绝对值 $|M_A - M_B|$ 中的最大值，作为该截面轮廓中心 G 相对于公共基准轴线 $A-B$ 的同轴度误差。按照上述方法，测量几个横截面轮廓，

取所有截面同轴度误差最大值作为该圆柱面的同轴度误差。误差值小于公差值,则零件合格,反之则不合格。

3. 对称度公差

对称度公差是指被测要素中心平面的位置相对于基准要素中心平面或轴线的允许变动量,是限制被测要素偏离基准要素的一项指标。对称度公差的被测要素和基准要素为中心平面或轴线,所以对称度公差有两种形式,其功用、示例及读法、公差带形状及含义见表3.5.2。

表 3.5.2　同轴度公差

项目	功用	示例及读法	公差带形状及含义
中心平面对中心平面的对称度公差	用于限制被测中心平面相对于基准中心平面的对称度误差	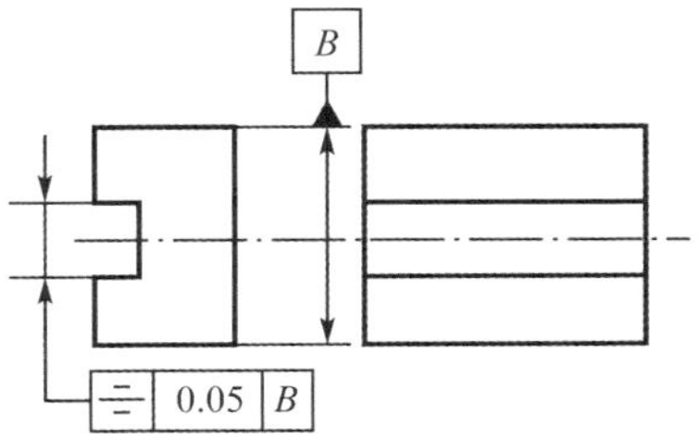 被测槽的实际中心平面相对于零件上、下面的中心平面的对称度公差为 0.05 mm	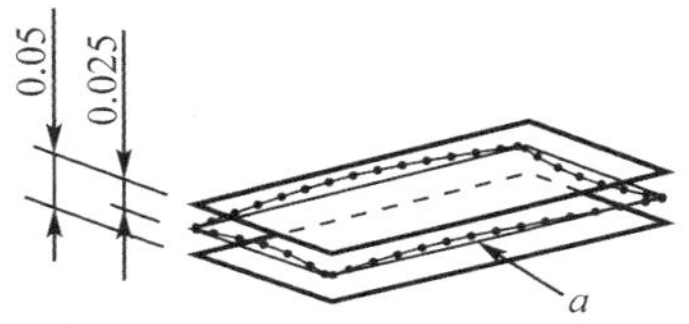 注:图中 a 为基准中心平面。公差带为间距等于公差值 0.05 mm 且相对于基准中心平面对称配置的两平行平面所限定的区域
中心平面对轴线的对称度公差	用于限制被测中心平面相对于基准轴线的对称度误差	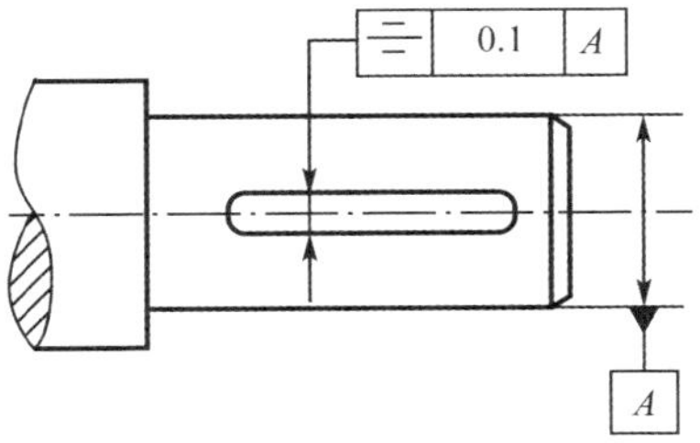 被测键槽的实际中心平面相对于基准轴线 A 的对称度公差为 0.1 mm	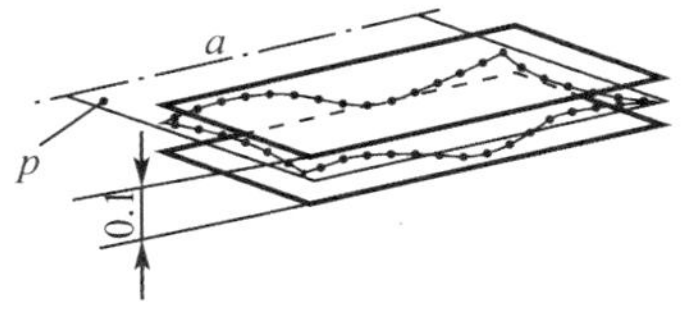 注:图中 a 为基准轴线,P 为通过基准轴线的理想平面。公差带为间距等于公差值 0.1 mm 且相对于基准轴线(通过基准轴线的理想平面)对称配置的两平行平面所限定的区域

4. 用百分表测量键槽的对称度误差

（1）将测量块装入被测零件的键槽中，要保证测量块不能动，必要时进行研合。

（2）将被测零件放置在 V 形架上，如图 3.5.3 所示，以检验平板作为测量基准，用 V 形架模拟圆柱的轴线（基准），用测量块模拟被测键槽的中心平面。

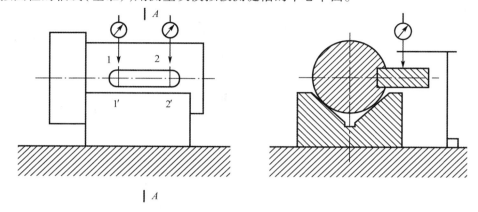

图 3.5.3　用百分表测量键槽对称度误差

（3）将百分表的测头与测量块的顶面接触，沿测量块的某一个横截面，垂直于被测圆柱轴线的平面移动，稍微转动被测工件以调整测量块的位置，使百分表在这个横截面上移动时示值不变为止，使测量块沿径向（前后方向）与平板平行。

（4）用百分表测量 1、2 两点，测得示值 M_1、M_2。

（5）将齿轮轴在 V 形架上翻转 180°，调整被测零件，再次使测量块沿径向与检验平板平行。然后测量 1、2 两点的对应点 $1'$、$2'$，得示值 M'_1、M'_2。

（6）计算偏移量。两个测量截面上键槽实际被测中心平面相对于轴线的偏移量为

$$\Delta_1 = |M_1 - M'_1|/2$$
$$\Delta_2 = |M_2 - M'_2|/2$$

对称度误差计算公式为

$$f = \frac{d|f_1 - f_2| + 2tf_2}{d - t}$$

式中，f_1 为偏移量中的大值，f_2 为偏移量中的小值，d 为轴的直径，t 为键槽深度。

若误差值小于公差值，则零件合格，反之则不合格。

3.5.5　任务实施

任务一　零件的同轴度检测

步骤一　选择并领取工、量具。

依据图样技术要求，选择测量同轴度用的工、量具，并填写工、量具领用单，领取工、量具。

步骤二　测量零件的各部位尺寸。

用所选用的工、量具测量零件各部位尺寸,判断其是否合格。

步骤三　测量零件同轴度误差。

(1)清理检验平板及工件,以检验平板作为测量基准,将两个等高刃口状 V 形架放置在检验平板上,在同一支架上安装两个百分表,使这两个百分表的测杆同轴且垂直于检验平板,将百分表调零。

(2)在横截面上转动工件,记录每个测量位置上两个百分表的示值 M_A 和 M_B。取各个测量位置上示值之差的绝对值 $|M_A - M_B|$ 中的最大值,作为该横截面轮廓中心相对于公共基准轴线的同轴度误差。

步骤四　测量几个横截面轮廓,将各横截面的同轴度误差测量数据填入表 3.5.3 中。

表 3.5.3　同轴度误差测量值记录表

截面序号	1	2	3	4	5	6	7	8
$|M_A - M_B|$								
同轴度误差								

数据处理:取其中的最大误差值作为该零件的同轴度误差。

合格判定:判断零件＿＿＿＿＿＿＿＿＿＿＿＿＿＿＿＿。

任务二　零件的对称度检测

步骤一　选择并领取工、量具。

依据图样技术要求,选择检测对称度用的工、量具,并填写工、量具领用单,领取工、量具。

步骤二　测量零件的各部位尺寸。

用所选用的工、量具测量零件各部位尺寸,判断其是否合格。

步骤三　使用百分表、V 形架、测量块测量对称度误差。

(1)清理工件、检验平板及 V 形架,将测量块装入零件的键槽中形成紧配合。

(2)调整测量块的位置,使百分表在这个横截面上移动时示值不变为止,使测量块沿径向(前后方向)与检验平板平行。

(3)用百分表测量同一面上的对应两点,记录测得的示值。

(4)将齿轮轴在 V 形架上翻转 180°,调整被测零件,再次使测量块沿径向与检验平板平行。然后测量第一次测量的两点对应的两点,记录测得的示值。

(5)利用公式计算偏移量,并判断零件是否合格。

数据处理:利用公式计算偏移量。

合格判定:判断零件＿＿＿＿＿＿＿＿＿＿＿＿＿＿＿＿。

3.5.6　任务评价

完成检测工作后,结合测评表(表 3.5.4)进行自评,对出现的问题查找原因,并提出改进措施,见表3.5.4。

表3.5.4 测评表

评价内容	测评标准	自评结果	判定结果	教师测评
	15			
	10			
	15			
	15			
	10			
	15			
文明操作	20			
最终得分				

说明:

(1)检测过程中,操作不当、不规范,扣10分;

(2)操作过程中出现其他不文明生产行为,根据情况扣5~10分;

(3)尺寸检测不正确,扣5分;

(4)不符合6S管理要求,根据情况扣分。

项目4 零件表面粗糙度检测

机械零件的表面粗糙度对零件的表面质量影响很大,所以在加工制造零件时,在零件图中需要标注表面结构要求。

为提高产量,促进互换性生产,我国制定了表面粗糙度国家标准。本项目主要学习表面粗糙度的参数和标注方法,以及表面粗糙度的测量方法。

任务4.1 用表面粗糙度样板检测零件表面粗糙度

4.1.1 任务导入

表面粗糙度是由零件在加工过程中刀具与零件表面间的摩擦、切屑分离时表面金属塑性变形所引起的。表面粗糙度与机械零件的配合性质、耐磨性、工作精度、抗腐蚀性关系密切,影响机器零件的使用性能,影响机器工作的可靠性和使用寿命。

4.1.2 任务描述

如图4.1.1所示为台阶轴,要求对其表面质量进行检测并判断是否合格。

图4.1.1 台阶轴

本任务主要学习表面结构要求的概念,读懂各表面结构代号的含义,认识并掌握标注表面结构的符号及代号,学习表面粗糙度的评定参数及其检测方法,学会选用合适的工、量具对工件进行检测,掌握工件表面粗糙度的检测方法,并判断该零件是否合格。

4.1.3 任务分析

本次任务中,我们需要完成零件表面粗糙度检测,完成零件的综合检测。

【思考与练习】

(1)粗糙度参数是最常用的表面结构要求,查阅资料并回答其常用的评定参数包括哪两个及各用什么符号表示。

(2)在车间生产现场,通常采用( )方法检测工件表面粗糙度参数。

(3)比较法是指将( )与( )进行比较,用( )和( )的感触来判断表面粗糙度的一种检测方法。

(4)使用表面粗糙度比较样块时,不要用手直接接触其( ),避免碰伤或划伤样块表面。

4.1.4 知识链接

1.表面结构要求概述

表面结构要求包括零件表面的表面结构参数、加工工艺、表面纹理及方向、加工余量、S样长度等。表面结构参数包括轮廓参数(R 轮廓参数、W 轮廓参数、P 轮廓参数)和图形参数(粗糙度图形参数、波纹图形参数)。最常用的表面结构要求是粗糙度参数。

表面粗糙度是评定零件表面质量的一项重要的指标,降低零件表面粗糙度值可以提高其表面耐蚀、耐磨和抗疲劳等能力,但其加工成本也相应提高,因此零件表面粗糙度值的选择原则是在满足零件表面功能的前提下,表面粗糙度允许值尽可能大一些。

2.表面粗糙度的概念

零件被加工表面上的微观的几何形状误差称为表面粗糙度,又称微观不平度。

(1)表面粗糙度产生的原因:在切削加工过程中,刀具和被加工表面间的相对运动轨迹(即刀痕)、刀具和被加工表面间的摩擦、切削过程中切屑分离时表层金属材料的塑性变形以及工艺系统的高频振动。

(2)表面粗糙度与表面波度、形状误差的区别:波距 λ 小于 1 mm 的属于表面粗糙度;波距 λ 为 1~10 mm 的属于表面波度;波距 λ 大于 10 mm 的属于形状误差。波距 λ 与波幅 h 的比值小于 40 时属于表面粗糙度;比值为 40~1 000 时属于表面波度;比值大于 1 000 时属于形状误差。加工表面放大图如图 4.1.2 所示。

图 4.1.2 加工表面放大图

从图4.1.2中可以看到,粗糙度是指加工后零件表面上所具有的微小峰谷高低程度和较小间距状况的微观几何形状特性。图4.1.3为加工误差示意图。它一般是由加工方法和其他因素形成,反映零件表面微观的几何形状误差。微观几何形误差越小,表面越光整,反之,表面越粗糙。因此,表面粗糙度是评定零件表面质量的一项重要指标。

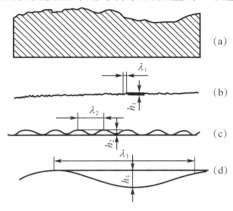

图4.1.3 加工误差示意图

3. 表面粗糙度对零件使用性能的影响

表面粗糙度影响两接触表面间的摩擦、磨损和接触变形。实际接触面如图4.1.4所示。表面的凹凸不平使两表面接触时实际接触面积减小,接触部分压力增加。表面越粗糙,接触面积越小,压力越大,接触变形越大,摩擦阻力越大,磨损也越快。

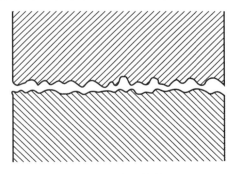

图4.1.4 实际接触面

表面粗糙度影响配合性质。表面粗糙使间隙配合间隙增大,过盈配合的过盈减小,过渡配合变松。

表面粗糙度影响疲劳强度。表面粗糙度的凹痕越深,其底部曲率半径越小,则应力集中越严重,零件疲劳损坏的可能性越大,疲劳强度就越低。

表面粗糙度影响耐腐蚀性,腐蚀介质在表面凹谷聚集,不易清除,产生金属腐蚀。表面越粗糙,凹谷越深,谷底越尖,零件抗腐蚀能力越差。此外,表面粗糙度对零件结合面的密封性能、表面反射能力和外观质量等都有影响。

4. 表面粗糙度的基本术语和参数

为了客观、合理地反映和评定零件表面粗糙度,首先应明确评定表面粗糙度的相关术语和评定参数。

(1)表面轮廓

表面轮廓指平面与实际表面相交所得的轮廓(图4.1.5)。按照截面方向的不同,它又可分为横向表面轮廓和纵向表面轮廓(图4.1.6)。

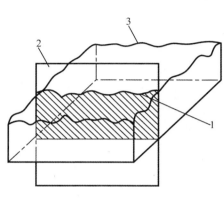
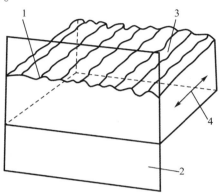

图4.1.5 表面轮廓　　　　　　图4.1.6 加工纹理方向

(2)取样长度 lr

取样长度指用于判别被评定轮廓的不规则特征的一段长度。

(3)评定长度 ln

评定长度是用于判别被评定轮廓表面粗糙度所必需的一段长度。取样长度和评定长度如图4.1.7所示。为了充分合理地反映表面的特性,通常取几个取样长度来评定表面粗糙度,一般 $ln = 5lr$。

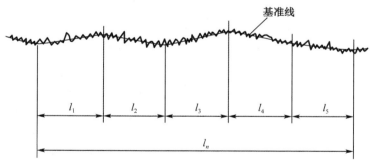

图4.1.7 取样长度和评定长度

(4)基准线

用以测量或评定表面粗糙度数值大小的一条参考线称为基准线,基准线通常有轮廓最小二乘中线和轮廓算术平均中线两种。

①轮廓最小二乘中线(简称中线)

在取样长度范围内,实际被测轮廓线上的各点至一条假想线的距离的平方和为最小,即 $\Sigma y_i^2 = \mathrm{Min}$,这条假想线就是轮廓最小二乘中线,如图4.1.8所示。

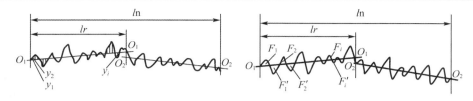

图 4.1.8 取样长度、评定长度和基准线

②轮廓算术平均中线

在取样长度内,由一条假想线将实际轮廓分成上、两部分,而且使上部分面积之和等于下部分面积之和,即 $\Sigma F_i = \Sigma F'_i$。这条假想线就是轮廓算术平均中线。

在轮廓图形上确定轮廓最小二乘中线的位置比较困难,在实际工作中可用轮廓算术平均中线代替轮廓最小二乘中线,两者相差不大。

5. 粗糙度的评定参数

粗糙度常用的评定参数包括轮廓算术平均偏差 Ra 和轮廓最大高度 Rz。Ra 测量点多,能充分反映零件表面微观几何形状高度方面的特性,因此国家标准规定优先选用 Ra。

(1)轮廓算术平均偏差 Ra

轮廓算术平均偏差是在取样长度内,轮廓上各点至基准线距离的算术平均值(图 4.1.9)。其表达式为

$$Ra = \frac{1}{lr} \int_0^l |y(x)| d_x$$

其近似值为

$$Ra = \frac{1}{n} \sum_{i=1}^n |y_i|$$

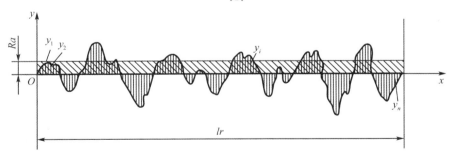

图 4.1.9 轮廓算术平均偏差

轮廓算术平均偏差 Ra 较全面地反映了表面粗糙度的高度特征,概念清楚,检测方便,被当前世界各国普遍采用。

(2)轮廓最大高度 Rz

轮廓最大高度 Rz 是在取样长度内,轮廓峰顶线与轮廓谷底线之间的距离(图 4.1.10)。

轮廓峰顶线和轮廓谷底线分别指在取样长度内,平行于基准线且通过轮廓最高点或最低点的直线。

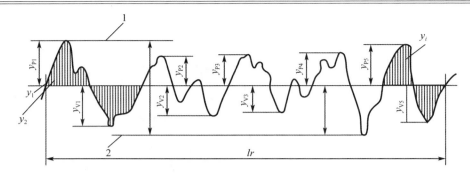

图 4.1.10　轮廓最大高度

（3）间距特征参数

间距特征参数又称附加参数，轮廓微观不平度的平均间距 S_m 是在取样长度内轮廓微观不平度间距 S_{mi} 的平均值。所谓轮廓微观不平度间距 S_{mi} 是指轮廓峰和相邻的轮廓谷在中线上的一段长度（图 4.1.11）。

轮廓的单峰平均间距 S 是在取样长度内轮廓的单峰间距 S_i 的算术平均值。所谓轮廓单峰间距 S_i 是指两相邻单峰的最高点之间距离投影在中线上的长度。

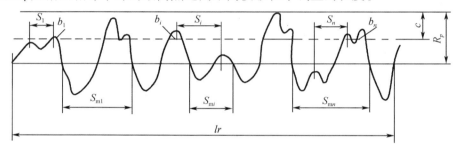

图 4.1.11　间距特征参数

轮廓支承长度率 l_a 是在取样长度内，一平行于基准线的直线从峰顶线向下移到某一水平位置时，与轮廓相截所得到的各段截线长度 b_i 之和与取样长度 lr 之比（图 4.1.12）。

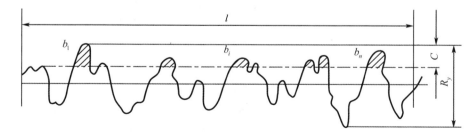

图 4.1.12　轮廓支承长度

6. 表面粗糙度国家标准

表面粗糙度的评定参数值已经标准化，设计时应根据国家标准规定的参数值系列选取。国家标准 GB 1031—2009《产品几何技术规范（GPS）表面结构　轮廓法　表面粗糙度参数及其数值》要求优先选用基本系列值,见表4.1.1。

表 4.1.1　轮廓算术平均偏差 _Ra_ 的数值

单位:μm

基本系列	补充系列	基本系列	补充系列	基本系列	补充系列	基本系列	补充系列
	0.008						
	0.010						
0.012			0.125		1.25	12.5	
	0.160		0.160	1.60			16.0
	0.020	0.20			2.0		20
0.025			0.25		2.5	25	
	0.032		0.32	3.2			32
	0.040	0.40			4.0		40
0.05			0.50		5.0	50	
	0.063		0.63	6.3			63
	0.080	0.80			8.0		80
0.100			1.00		10.0	100	

(1)表面粗糙度的标注

在表面粗糙度符号基础上,标上其他表面特征要求组成了表面粗糙度的代号,如图4.1.13 所示。

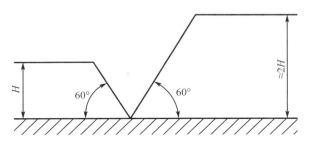

图 4.1.13　表面粗糙度的代号

(2)表面粗糙度代(符)号在图样上的标注

表面粗糙度代(符)号应注在可见轮廓线、尺寸界线或其延长线上,符号的尖端必须从材料外指向被注表面,数字及符号的注写方向必须与尺寸数字方向一致,如图 4.1.14 ~ 图4.1.16 所示。

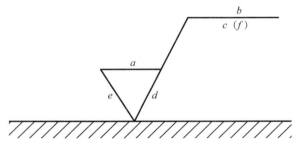

图 4.1.14　表面特征各项规定在符号中的注写位置

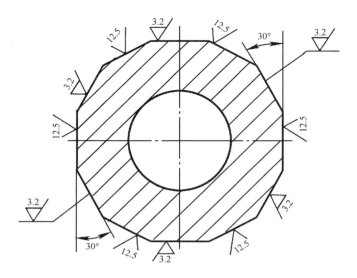

图 4.1.15　表面粗糙度代号标注方法

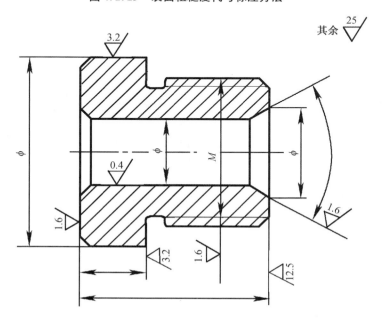

图 4.1.16　表面粗糙度标注示例

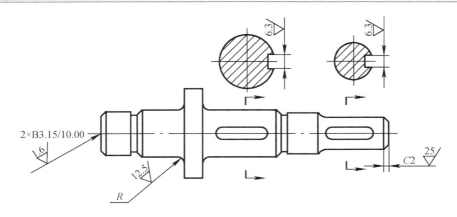

图 4.1.17　中心孔、圆角、倒角的表面粗糙度标注示例

7. 表面粗糙度的选用

（1）表面粗糙度选用原则

首先满足使用性能要求，其次兼顾经济性，即在满足使用要求的前提下，尽可能降低表面粗糙度要求，放大表面粗糙度允许值。

对大多数表面来说，给出高度特征评定参数即可反映被测表面粗糙度的特征。附加参数只在高度特征评定参数不能满足表面功能要求时，才附加选用。

在常用的参数值范围（Ra 为 $0.025 \sim 6.3\ \mu m$，Rz 为 $0.100 \sim 25\ \mu m$）内，国家标准推荐优先选用 Ra。

（2）表面粗糙度选用方法

具体选用时多用类比法来确定表面粗糙度的值。按类比法选择表面粗糙度值时，可先根据经验资料初步选定表面粗糙度值，然后再对比工作条件做适当调整。调整时主要考虑以下几点。

①同一零件上，工作表面的表面粗糙度值应比非工作表面小。

②摩擦表面的粗糙度值应比非摩擦表面小。对有相对运动的工件表面，运动速度越高，其表面粗糙度值也应越小。

③单位面积压力大或受交变应力作用的重要零件的圆角、沟槽表面粗糙度值应选小值。

④配合性质要求越稳定，表面粗糙度值应越小。配合性质相同时，尺寸越小的结合面，表面粗糙度值也应越小。同一精度等级，小尺寸比大尺寸、轴比孔的表面粗糙度值要小。

⑤表面粗糙度值应与尺寸公差、形位公差相适应。通常，零件的尺寸公差、形位公差要求高时，表面粗糙度值应较小。表 4.1.2 为表面粗糙度值与尺寸公差的关系，供参考。

表 4.1.2　表面粗糙度值与尺寸公差的关系

形状公差 t 占尺寸公差 T 的百分比 t/T	表面粗糙度值与尺寸公差百分比	
	Ra/T	Rz/T
约 60%	≤5%	≤20%
约 40%	≤2.5%	≤10%
约 25%	≤1.25%	≤5%

8. 表面粗糙度的测量

测量零件表面粗糙度的方法有目测法、比较法和仪器检测法。

比较法是指将被检测表面和表面粗糙度样板相比较,来判断工件表面粗糙度是否合格的检测方法。由于该方法具有测量方便、成本低、对环境要求不高等优点,适合在车间使用。评定结果的可靠性很大程度上取决于检测人员的经验。比较法仅适用于车间现场检测、表面粗糙度要求不高的工件的评定。

表面粗糙度样板(图 4.1.18)采用特定合金材料加工而成,具有不同的表面粗糙度参考值,可用肉眼观察、手动触摸,也可借助显微镜、放大镜观察。所用表面粗糙度样板的材料、形状及加工方法应尽可能与被测表面一致。

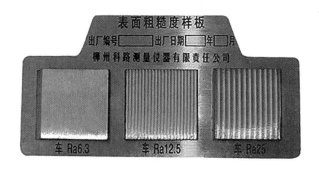

图 4.1.18　表面粗糙度样板

4.1.5　任务实施

步骤一　选择并领取工、量具。

依据图样技术要求,选择测量用的工、量具,并填写工、量具领用单,领取工、量具。

步骤二　将零件擦拭干净,根据被测对象选择表面粗糙度样板。

表面粗糙度样板的工作面的表面粗糙度特征要与被检测表面的表面粗糙度特征相同,表面粗糙度样板的材质要与被检测零件材质相同,表面粗糙度样板工作面的加工方法应与被检测表面的加工方法相同。

步骤三　检测零件各部位尺寸。

检测零件尺寸公差和几何公差。

步骤四　将零件与表面粗糙度样板进行对比,确定零件是否合格。

（1）视觉比较

将被检测表面与表面粗糙度样板的工作面放在一起,用眼睛反复比较被测表面与表面粗糙度样板工作面间的加工痕迹的异同、反射光线强弱的不同、色彩的差异,以判定被检测表面的表面粗糙度的大小。必要时可使用放大镜。

（2）触觉比较

用手指分别触摸被检测表面和表现粗糙度样板工作面,根据手的感觉判断被检测表面与表面粗糙度样板工作面在峰谷高度和间距上的差别,从而判断被检测表面的表面粗糙度的大小。表面粗糙度样板的材料、加工方法和加工纹理方向与被测零件相同,有利于提高判断的准确性。另外,也可以从生产的零件中选择样品,经精密仪器检定后,作为标准样板使用。

台阶轴是通过车床加工而成的,检测时可选用车床检测用表面粗糙度比较样块来检测零件的表面粗糙度质量是否合格。

步骤五　对被测零件表面不同的位置进行多次测量,将测量数据填入表 4.1.3 中。

表 4.1.3　表面粗糙值检测结果

测量次数	检测结果	
	比较样板 Ra	是否合格
1		
2		
3		
4		
5		
6		
7		
8		

合格判定:判断零件_____。

4.1.6　任务评价

完成检测工作后,结合测评表(表4.1.4)进行自评,对出现的问题查找原因,并提出改进措施。

表 4.1.4　测评表

评价内容	测评标准	自评结果	判定结果	教师测评
	10			
	5			
	5			
	5			
	5			
	5			
	5			
	10			
	20			
	10			
	15			
文明操作	10			
最终得分				

说明:

(1)检测过程中,操作不当、不规范,扣10分;

(2)操作过程中出现不文明生产行为,根据情况扣 5～10 分;

(3)尺寸检测不正确,扣 5 分;

(4)不符合 6S 管理要求,根据情况扣分。

任务 4.2　用粗糙度轮廓仪检测零件表面粗糙度

4.2.1　任务导入

如果用比较法对零件表面的粗糙度不能做出判断时,则应采用适当的仪器进行检测。根据仪器原理的不同,仪器检测法可以分为光切法、干涉法、感触法等。本任务选用感触法来检测零件表面粗糙度。

粗糙度轮廓仪使用方便,可直接显示 Ra 值,适宜测量的 Ra 值范围为 $0.01～10$ μm,不同型号的粗糙度轮廓仪测量范围有所不同。

4.2.2　任务描述

如图 4.1.1 所示为台阶轴,要求对其表面质量进行检测并判断是否合格。

本任务主要学习使用粗糙度轮廓仪检测表面粗糙度,掌握粗糙度轮廓仪的使用方法和数据处理方式。

4.2.3　任务分析

本次任务中,我们需要完成零件表面粗糙度检测,完成零件的综合检测。

【思考与练习】

(1)粗糙度轮廓仪的使用方法。

(2)粗糙度轮廓仪检测零件表面质量注意事项。

4.2.4　知识链接

1.设备简介

粗糙度轮廓测量仪是一种高精度的工件表面粗糙度、轮廓测量分析仪器,其主要功能分为 3 个方面:轮廓分析、粗糙度分析和曲率半径分析。在原始测量图形的基础上,可以选择评定长度来进行这三方面分析,通过倍率选择项可以提供九种倍率供用户选择,自动倍率、500 倍、1 000 倍、2 000 倍、5 000 倍、10 000 倍、20 000 倍、50 000 倍、100 000 倍,其中,自动倍率是计算机根据测量结果自动给出的适当倍率。

(1)轮廓分析

轮廓检测报告如图 4.2.1 所示。

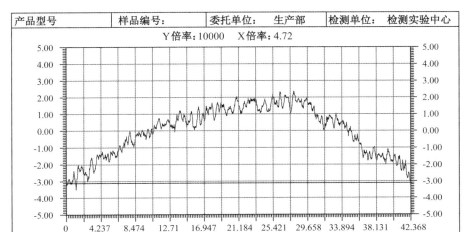

图 4.2.1　轮廓检测报告

轮廓分析包括以下两种分析方法。

①原始轮廓分析,指对没经过滤波处理及直线校正的实际轮廓,可以自己选择校正直线来调整图形,分析轮廓。具体方式见使用说明。

②轮廓误差是指滤除了粗糙度信号,并以分析起点和分析终点连线为基准线的工件表面加工形状,包括凸度、凹度、直线度等,可以通过参数选项来选定轮廓滤波的切除长度。分析图形的每一点测量值是指采用最小二乘法进行了整个测量图形倾斜校正后,在评定长度内每一点与零点的相对值。

(2)粗糙度分析

粗糙度检测报告如图4.2.2所示。

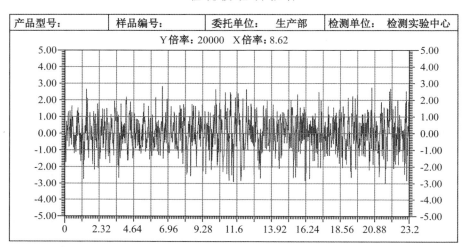

图 4.2.2 粗糙度检测报告

粗糙度分析是用来分析选定范围内的粗糙度值的,共有5种取样长度可供选择,即0.08 mm、0.25 mm、0.8 mm、2.5 mm、8 mm、25 mm,一般情况下,当粗糙度 Ra 为 0.008 ~ 0.02 μm 时,取样长度 L 取 0.08 mm,当 Ra 为 0.02 ~ 0.1 μm 时,取样长度 L 取 0.25 mm,当 Ra 为 0.1 ~ 2.0 μm 时,取样长度 L 取 0.8 mm,当 Ra 为 2.0 ~ 10.0 μm 时,取样长度 L 取 2.5 mm,当 Ra 为 10.0 ~ 80.0 um 时,取样长度 L 取 8.0 mm,一般情况下是选5段取样长度作为评定长度,我们这里可以由用户自己选定评定长度。在数据处理时,我们可以在分析参数选项里选择要分析的粗糙度参数,包括 Ra、Rz、Rsm 等。

2. 使用说明

(1)菜单栏(图4.2.3)简介

"测量选项"菜单包括"轮廓""粗糙度"两个选项,其中"轮廓"选项的功能不包括粗糙度分析,"粗糙度"选项的功能包括轮廓、粗糙度测量,但轮廓分析范围较小。

"参数"菜单(图4.2.4)包括"粗糙度值修正系数"和"轮廓分析参数"两个选项。

点击"粗糙度修正系数"选项,可以修改当前系数,如果测量粗糙度标准样块粗糙度值偏大,可以减小系数,否则可以增大系数。

图 4.2.3　菜单栏

图 4.2.4　"参数"菜单

"轮廓分析参数"子菜单包括两个选项:"分析选项"和"轮廓滤波参数"。

"分析选项"子菜单包括"原始轮廓"和"轮廓误差"两个选项(图 4.2.5)。

图 4.2.5　"分析选项"子菜单

当原始轮廓被选定时,轮廓分析的是没经过校正的原始形状,并可以自己选定基准线来校正分析。具体方法是:数据采集结束或装入以前测量的历史数据后,按"F1"键,分析选择界面右下角会出现"轮廓调平基线选择"按钮,点击按钮,鼠标光标变十字,可以在测量轮廓上选两点直线为基准来调整测量图形,主要用来分析工件表面的实际加工轮廓尺寸,相当于工件表面的局部放大。然后,点击"分析选择"按钮来选定分析范围。图 4.2.6 为轮廓调平基线选择。

图 4.2.6　轮廓调平基线选择

当轮廓误差被选定时,分析的是以分析起点和分析终点连线为基准线并经过滤波的轮廓误差,这是仪器的常用功能。

点击"轮廓滤波参数"后,有 6 种滤波切除长度供用户选择,通常选"0.25 mm",对于较短的测量长度,可以适当减小滤波切除长度(图 4.2.7)。

点击"仪器标定"菜单后,会被要求输入口令,以防非法用户标定仪器(图 4.2.8)。原始口令为"biaodingks"。

具体的标定过程如下。

图 4.2.7　轮廓滤波参数选择

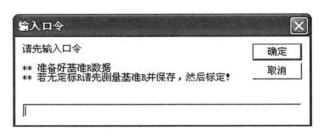

图 4.2.8　输入口令

测量选项选粗糙度,测量定标基准 R 球面,测量长度选 15 mm,并命名保存测量数据。

点击"仪器标定"菜单,输入口令并点击"确定"按钮后,进入"文件选择"对话框,选定刚保存的文件。

进入分析界面,选"曲率半径分析",出现如图 4.2.9 所示的对话框,输入实际 R 值,点击"确认"按钮后程序自动退出,重新启动程序,完成标定。

图 4.2.9　分析界面中的对话框

此仪器每种功能都有比较详细的文字提示,用户可以根据提示完成大部分操作。

(2)工具栏简介

"打开文件"按钮的功能是打开以前保存的历史记录;"保存文件"按钮的功能是保存当前分析的测量数据,按文字提示操作即可。

"X 轴定标"按钮的功能是指传感器移动标尺与计算机显示值不符时,进行 X 轴回位操作。一般情况下,计算机本身具有记忆功能,不需要回位操作,但是有时由于干扰或者停电等特殊原因会导致计算机示值与实际标尺不符,就需要重新定标。点击"X 轴定标"按钮,会出现文字提示,按要求操作即可。一般步骤是把标尺指针移动到特定范围,按"F8"键,计算机会自动定标,定标结束正常操作即可。每一次测量前都应该看一下示值与标尺是否相符,养成良好的测量习惯,如果示值与标尺不符,会导致许多不可知的测量结果。

如图 4.2.10 所示,当测量结束后,可以点击"分析选择"按钮,鼠标光标变十字,可以点击两点选择分析范围。范围选定后,可进行轮廓分析、粗糙度分析、曲率半径分析等三项功能。

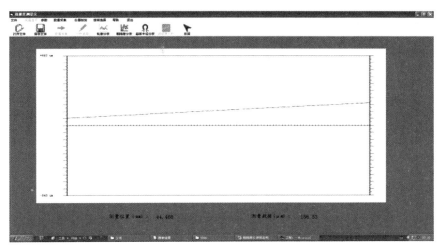

图 4.2.10　选择分析范围

①轮廓分析

具体过程可参考菜单栏参数说明部分。

②粗糙度分析

粗糙度分析菜单栏如图 4.2.11 所示,可以点击"取样长度"按钮改变取样长度,点击"分析参数"按钮可以选定不同的分析参数,一旦选定,计算机会自动记忆,无须每次都选。

图 4.2.11　粗糙度分析菜单栏

③曲率半径分析

既可以选两点分析单段曲率半径,也可以选四点分析两段的平均曲率半径(为球基面滚子专设,当触针经过中间凹穴,可以人工抬起触针,经过后放下),剔除中间部分。曲率半径分析如图 4.2.12 所示。

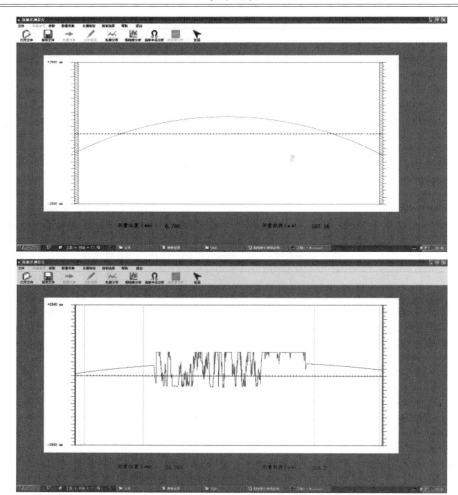

图 4.2.12　曲率半径分析

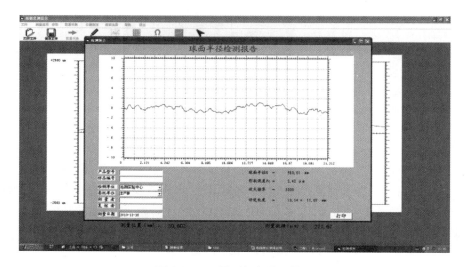

图 4.2.13　图形打印显示界面

每一项分析确认后都会进入图形打印显示界面(图 4.2.13),可以输入产品型号、样品编号等信息后,打印输出。

3. 注意事项

此仪器是一种精密的测量仪器,需要严格按操作规程操作,严禁非检测人员操作该仪器,当仪器横向超出行程时,仪器会超程保护,这时需按住测量头机箱电缆接头旁边的复位开关,然后按计算机"→"或"←"键把测头移动到有效行程内。千万注意移动方向,以免超程,损坏仪器。另外,由于仪器上下方向没有超程保护,操作时一定要注意,防止意外情况发生,必要时可以拔掉工作台后面的电机插头。由于测量滑动导轨是精密导轨,严禁用户自行调整,必要时可适量滴注润滑油(采用钟表油,严禁采用其他润滑油)。

4.2.5　任务实施

步骤一　将被测零件表面擦净,固定在粗糙度轮廓仪工作台上。

开启电脑,并运行检测程序。双击"粗糙度测量"图标进入测量主界面。点击"参数"菜单,进行参数设定。

步骤二　固定被测零件,调整设备,检测零件表面质量。

将被测零件放在合适的夹具上,按住"Ctrl + ↑"键或"Ctrl + ↓"键快速上下调整测头,快接近工件时,单按"↓"键让测针慢慢接触工件表面,调整夹具及工件,找到测量母线,尽量调平工件,并且保证计算机调整光标在测量范围内,按住"Ctrl + ←"键或"Ctrl + ↓"快速移动测针到测量起点,同时要保证横向测量长度不能超过横向标尺红线限制的范围。并单按"←"或"→"键微调测针位置,并用"→"键消掉启动测量间隙,结束调整过程。

步骤三　测量数据采集。

点击"数据采集"菜单,输入测量长度,开始数据采集。采集过程中可以按空格键结束测量,也可以等待达到测量长度自动结束测量。

采集结束后,点击"分析选择"按钮,选择分析范围,来进行个项分析,具体过程可参见原理说明部分。

数据采集结束后,在下一次数据采集之前的任何时候,都可以点击"保存文件"按钮,将本次测量数据文件保存,同时也可以随时通过点击"打开文件"按钮打开以前保存的数据文件,进行数据分析。

步骤四　测量后工作。

测量工作结束后,按住"Ctrl + ↑"键抬起测针,退出程序,返回 WINDOWS 界面。

做好工作台的清洁工作,台面保持油膜以防锈蚀。

步骤五　对被测零件表面不同的位置进行多次测量,将测量数据填入表 4.2.1 中。

表 4.2.1　表面粗糙值检测报告

测量器具	粗糙度轮廓仪
被测零件	
	测量结果
粗糙度测试图形与参数	

合格判定:判断零件＿＿＿＿＿＿＿＿＿＿＿＿。

4.2.6　任务评价

完成检测工作后,结合测评表(表4.2.2)进行自评,对出现的问题查找原因,并提出改进措施。

表 4.2.2　测评表

评价内容	测评标准	自评结果	判定结果	教师测评
	10			
	5			
	5			
	5			
	5			
	5			
	5			
	10			
	20			
	10			
	15			
文明操作	10			
最终得分				

说明:
(1)检测过程中,操作不当、不规范,扣10分;
(2)操作过程中出现不文明生产行为,根据情况扣5~10分;
(3)尺寸检测不正确,扣5分;
(4)不符合6S管理要求,根据情况扣分。

项目 5　典型零件的测量与测绘

前面几个项目介绍了测量技术基本知识、零件尺寸公差检测、零件几何公差检测以及零件表面粗糙度检测等内容。

本项目我们结合"1+X"机械测量的相关要求,选取偏心套等 5 个典型零件的测量与测绘的相关内容,对测量技术的综合运用进行巩固和深化。

任务 5.1　偏心套的测量与测绘

5.1.1　任务导入

结合上海市"1+X"试点以及机械钳工(四级)测量与测绘考核要求的第一个内容,偏心套的测量与测绘包含各种尺寸和几何公差,本次任务就进行偏心套的测量与测绘学习。

5.1.2　任务描述

如图 5.1.1 所示的偏心套,要求对其表面质量进行检测并判断其是否合格。

任务要求:正确地识读图样,合理选择工、量具,完成零件的综合检测,补全图样(图 5.1.1)中缺失的基本尺寸、尺寸公差和几何公差,补全技术要求。

5.1.3　任务分析

本次任务中,我们需要完成零件的综合检测,完整图面。

5.1.4　任务实施

步骤一　选择并领取工、量具。

依据图样技术要求,选择测量用的工、量具,并填写工、量具领用单,领取工、量具。

步骤二　将零件擦拭干净,根据被测对象选择表面粗糙度样板。

表面粗糙度样板工作面的表面粗糙度特征要与被检测表面的表面粗糙度特征相同,表面粗糙度样板的材质要与被检测零件材质相同,表面粗糙度样板工作面的加工方法应与被检测表面的加工方法相同。

完成偏心套表面粗糙的检测,填写表 5.1.1,并在图样(图 5.1.1)中完成表达。

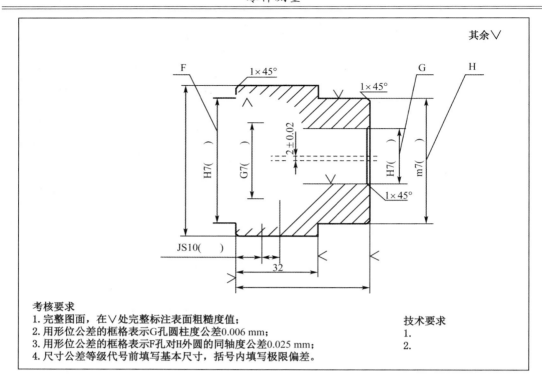

考核要求
1. 完整图面，在∨处完整标注表面粗糙度值；
2. 用形位公差的框格表示G孔圆柱度公差0.006 mm；
3. 用形位公差的框格表示F孔对H外圆的同轴度公差0.025 mm；
4. 尺寸公差等级代号前填写基本尺寸，括号内填写极限偏差。

技术要求
1.
2.

图5.1.1 偏心套

表5.1.1 表面粗糙度检测结果

测量次数	检测结果	
	比较样板 Ra	是否合格
1		
2		
3		
4		
5		
6		
7		
8		

步骤三 检测零件各部位尺寸。

检测零件尺寸公差和几何公差。

完成尺寸公差等级代号前基本尺寸的填写，查表得出极限偏差，并在图样（图5.1.1）中表达出来。

步骤四 完成图样（图5.1.1）中几何公差的标注。

用形位公差的框格表示 G 孔圆柱度公差 0.006 mm，并在图样（图5.1.1）中表达出来。

用形位公差的框格表示 F 对 H 外圆的同轴度公差，并在图样（图5.1.1）中表达出来。

120

步骤五　完成图样(图 5.1.1)中技术要求标注,包括未注表面粗糙度、零件材质、未注尺寸及热处理工艺判定。

5.1.5　任务评价

完成检测工作后,结合测评表(表 5.1.2)对出现的问题查找原因,并提出改进措施。

表 5.1.2　测评表

评价内容	测评标准	自评结果	判定结果	教师测评
	10			
	5			
	5			
	5			
	5			
	5			
	5			
	10			
	20			
	10			
	15			
文明操作	10			
最终得分				

说明:

(1)检测过程中,操作不当、不规范,扣 10 分;

(2)操作过程中出现不文明生产行为,根据情况扣 5～10 分;

(3)尺寸检测不正确,扣 5 分;

(4)不符合 6S 管理要求,根据情况扣分。

补全图样如图 5.1.2 所示,供参考。

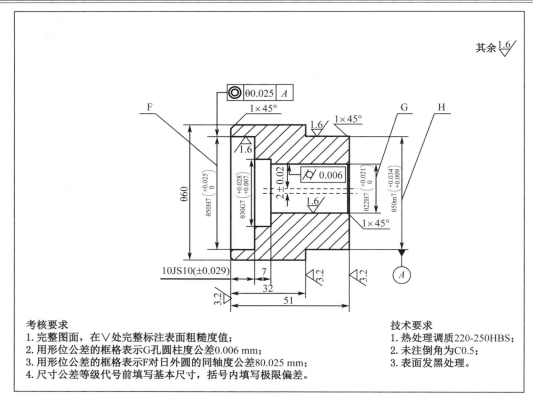

图 5.1.2　补全图样

任务 5.2　接头的测量与测绘

5.2.1　任务导入

结合上海市"1 + X"试点以及机械钳工(四级)测量与测绘考核要求的第二个内容,接头的测量与测绘包含各种尺寸和几何公差,本次任务就进行接头的测量与测绘学习。

5.2.2　任务描述

如图 5.2.1 所示的接头,要求对其表面质量进行检测并判断其是否合格。

任务要求:正确地识读图样,合理选择工、量器具,完成零件的综合检测,补全图样(图 5.2.1)中缺失的基本尺寸、尺寸公差和几何公差,补全技术要求。

5.2.3　任务分析

本次任务中,我们需要完成零件的综合检测,完整图面。

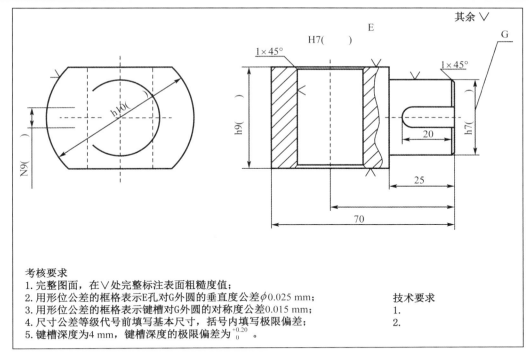

图 5.2.1 接头

5.2.4 任务实施

步骤一 选择并领取工、量具。

依据图样技术要求,选择测量用的工、量具,并填写工、量具领用单,领取工、量具。

步骤二 将零件擦拭干净,根据被测对象选择表面粗糙度样板。

表面粗糙度样板工作面的表面粗糙度特征要与被检测表面的表面粗糙度特征相同,表面粗糙度样板的材质要与被检测零件的材质相同,表面粗糙度样板工作面的加工方法应与被检测表面的加工方法相同。

完成接头表面粗糙度的检测,填写表 5.2.1,并在图样(图 5.2.1)中完成表达。

表 5.2.1 表面粗糙度检测结果

测量次数	检测结果	
	比较样板 Ra	是否合格
1		
2		
3		
4		
5		
6		
7		
8		

步骤三　检测零件各部位尺寸。

检测零件尺寸公差和几何公差。

完成尺寸公差等级代号前基本尺寸的填写,查表得出极限偏差,并在图样(图 5.2.1)中表达出来。

步骤四　完成图样(图 5.2.1)中几何公差的标注。

用形位公差的框格表示 E 孔对 G 外圆垂直度公差 $\phi 0.025$ mm,并在图样(图 5.2.1)中表达出来。

用形位公差的框格表示键槽对 G 外圆的对称度公差 0.015 mm,并在图样(图 5.2.1)中表达出来。

步骤五　完成键槽对称度公差合理性判定。

步骤六　完成图样(图 5.2.1)中技术要求标注,包括未注表面粗糙度、零件材质、未注尺寸及热处理工艺判定。

5.2.5　任务评价

完成检测工作后,结合测评表(表 5.2.2)进行自评,对出现的问题查找原因,并提出改进措施。

表 5.2.2　测评表

评价内容	测评标准	自评结果	判定结果	教师测评
	10			
	5			
	5			
	5			
	5			
	5			
	5			
	10			
	20			
	10			
	15			
文明操作	10			
最终得分				

说明:

(1)检测过程中,操作不当、不规范,扣 10 分;

(2)操作过程中出现不文明生产行为,根据情况扣 5～10 分;

(3)尺寸检测不正确,扣 5 分;

(4)不符合 6S 管理要求,根据情况扣分。

补全图样如图 5.2.2 所示,供参考。

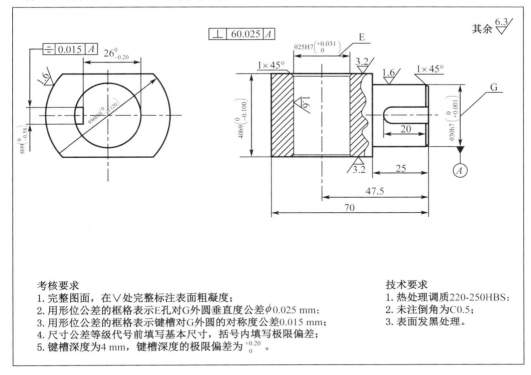

考核要求
1. 完整图面,在∨处完整标注表面粗糙度;
2. 用形位公差的框格表示E孔对G外圆垂直度公差ϕ0.025 mm;
3. 用形位公差的框格表示键槽对G外圆的对称度公差0.015 mm;
4. 尺寸公差等级代号前填写基本尺寸,括号内填写极限偏差;
5. 键槽深度为4 mm,键槽深度的极限偏差为$^{+0.20}_{0}$。

技术要求
1. 热处理调质220-250HBS;
2. 未注倒角为C0.5;
3. 表面发黑处理。

图 5.2.2 补全图样

任务 5.3 短轴的测量与测绘

5.3.1 任务导入

结合上海市"1 + X"试点以及机械钳工(四级)测量与测绘考核要求的第三个内容,短轴的测量与测绘包含各种尺寸和几何公差,本次任务就进行短轴的测量与测绘学习。

5.3.2 任务描述

如图 5.3.1 所示的短轴,要求对其表面质量进行检测并判断其是否合格。

任务要求:正确地识读图样,合理选择工、量具,完成零件的综合检测,补全图样(图5.3.1)中缺失的基本尺寸、尺寸公差和几何公差,补全技术要求。

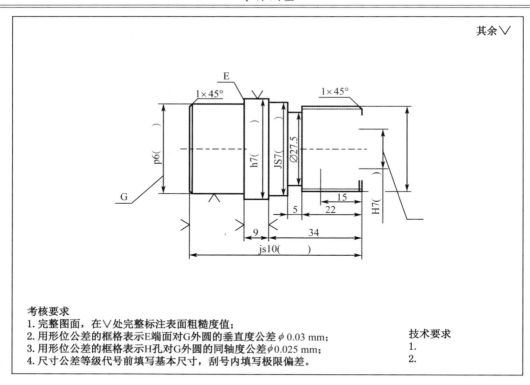

考核要求
1. 完整图面，在 ∨ 处完整标注表面粗糙度值；
2. 用形位公差的框格表示E端面对G外圆的垂直度公差 φ 0.03 mm；
3. 用形位公差的框格表示H孔对G外圆的同轴度公差 φ 0.025 mm；
4. 尺寸公差等级代号前填写基本尺寸，刮号内填写极限偏差。

技术要求
1.
2.

图 5.3.1 短轴

5.3.3 任务分析

本次任务中，我们需要完成零件的综合检测，完整图面。

5.3.4 任务实施

步骤一 选择并领取工、量具.
依据图样技术要求，选择测量用的工、量具，并填写工、量具领用单，领取工、量具。
步骤二 将零件擦拭干净，根据被测对象选择表面粗糙度样板。
表面粗糙度样板工作面的表面粗糙度特征要与被检测表面的表面粗糙度特征相同，表面粗糙度样板的材质要与被检测零件的材质相同，表面粗糙度样板工作面的加工方法应与被检测表面的加工方法相同。
完成短轴表面粗糙度的检测，填写表 5.3.1 并在图样（图 5.3.1）中完成表达。

表 5.3.1 表面粗糙度检测结果

测量次数	检测结果	
	比较样板 Ra	是否合格
1		
2		
3		
4		
5		
6		
7		
8		

步骤三 检测零件各部位尺寸。

检测零件尺寸公差和几何公差。

完成尺寸公差等级代号前基本尺寸的填写,查表得出极限偏差,并在图中表达出来。

步骤四 完成图样(图 5.3.1)中的几何公差标注。

用形位公差的框格表示 E 端面对 G 外圆的垂直度公差 ϕ0.03 mm,并在图样(图 5.3.1)中表达出来。

用形位公差的框格表示 H 孔对 G 外圆的同轴度公差 ϕ0.025 mm,并在图样(图 5.3.1)中表达出来。

步骤五 完成图样(图 5.3.1)中技术要求标注,包括未注表面粗糙度、零件材质、未注尺寸及热处理工艺判定。

5.3.5 任务评价

完成检测工作后,结合测评表(表 5.3.2)进行自评,对出现的问题查找原因,并提出改进措施。

表 5.3.2　工件检测表

评价内容	测评标准	自评结果	判定结果	教师测评
	10			
	5			
	5			
	5			
	5			
	5			
	5			
	10			
	20			
	10			
	15			
文明操作	10			
最终得分				

说明：

(1)检测过程中,操作不当、不规范,扣10分;

(2)操作过程中出现不文明生产行为,根据情况扣5～10分;

(3)尺寸检测不正确,扣5分;

(4)不符合6S管理要求,根据情况扣分。

补全图样如图 5.3.2 所示,供参考

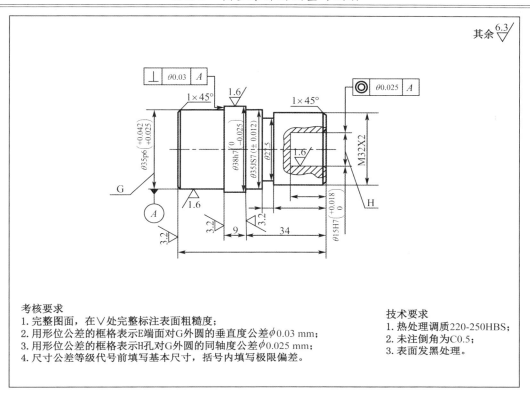

图 5.3.2　补全图样

任务 5.4　轴套的测量与测绘

5.4.1　任务导入

结合上海市"1+X"试点以及机械钳工(四级)测量与测绘考核要求的第四个内容,轴套的测量与测绘包含各种尺寸和几何公差,本次任务就进行轴套的测量与测绘学习。

5.4.2　任务描述

如图 5.4.1 所示的轴套,要求对其表面质量进行检测并判断其是否合格。

任务要求:正确地识读图样,合理选择工、量具,完成零件的综合检测,补全图样(图 5.4.1)中缺失的基本尺寸、尺寸公差和几何公差,补全技术要求。

5.4.3　任务分析

本次任务中,我们需要完成零件的综合检测,完整图面。

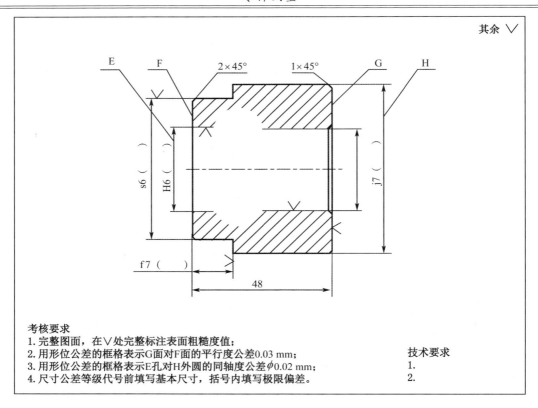

图 5.4.1　轴套

5.4.4　任务实施

步骤一　选择并领取工、量具。

依据图样技术要求,选择测量用的工、量具,并填写工、量具领用单,领取工、量具。

步骤二　将零件擦拭干净,根据被测对象选择表面粗糙度样板。

表面粗糙度样板工作面的表面粗糙度特征要与被检测表面的表面粗糙度特征相同,表面粗糙度样板的材质要与被检测零件的材质相同,表面粗糙度样板工作面的加工方法应与被检测表面的加工方法相同。

完成短轴表面粗糙度的检测,填写表 5.4.1 并在图样(图 5.4.1)中完成表达。

表 5.4.1　表面粗糙度检测结果

测量次数	检测结果	
	比较样板 Ra	是否合格
1		
2		
3		
4		
5		
6		
7		
8		

步骤三　检测零件各部位尺寸。

检测零件尺寸公差和几何公差。

完成尺寸公差等级代号前基本尺寸的填写,查表得出极限偏差,并在图样(图5.4.1)中表达出来。

步骤四　完成图样(图5.4.2)中几何公差的标注。

用形位公差的框格表示 G 面对 F 面的平行度公差0.03 mm,并在图样(图5.4.1)中表达出来。

用形位公差的框格表示 E 孔对 H 外圆的同轴度公差 $\phi0.02$ mm,并在图样(图5.4.1)中表达出来。

步骤五　完成图样(图5.4.1)中技术要求标注,包括未注表面粗糙度、零件材质、未注尺寸及热处理工艺判定。

5.4.5　任务评价

完成检测工作后,结合测评表(图5.4.2)进行自评,对出现的问题查找原因,并提出改进措施。

表 5.4.2　测评表

评价内容	测评标准	自评结果	判定结果	教师测评
	10			
	5			
	5			
	5			
	5			
	5			
	5			
	10			
	20			
	10			
	15			
文明操作	10			
最终得分				

说明:
(1)检测过程中,操作不当、不规范,扣 10 分;
(2)操作过程中出现不文明生产行为,根据情况扣 5~10 分;
(3)尺寸检测不正确,扣 5 分;
(4)不符合 6S 管理要求,根据情况扣分。

补全图样如图 5.4.2 所示,供参考。

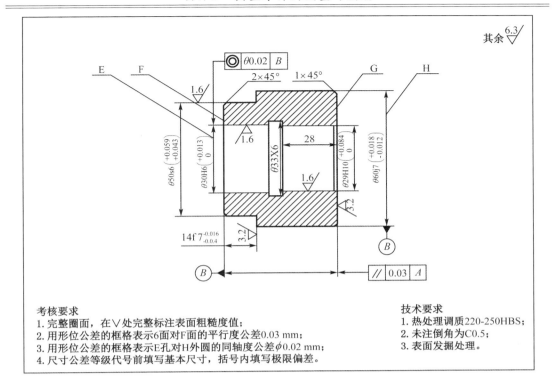

图 5.4.2　补全图样

任务 5.5　偏心轴的测量与测绘

5.5.1　任务导入

结合上海市"1＋X"试点以及机械钳工(四级)测量与测绘考核要求的第五个内容,偏心轴的测量与测绘包含各种尺寸和几何公差,本次任务就进行偏心轴的测量与测绘学习。

5.5.2　任务描述

如图 5.5.1 所示的偏心轴,要求对其表面质量进行检测并判断其是否合格。

任务要求:正确地识读图样,合理选择工、量具,完成零件的综合检测,补全图样(图 5.5.1)中缺失的基本尺寸、尺寸公差和几何公差,补全技术要求。

5.5.3　任务分析

本次任务中,我们需要完成零件的综合检测,完整图面。

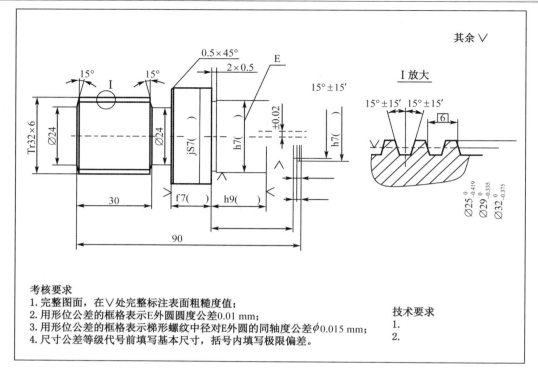

图 5.5.1 偏心轴

5.5.4 任务实施

步骤一 选择并领取工、量具。

依据图样技术要求,选择测量用的工、量具,并填写工、量具领用单,领取工、量具。

步骤二 将零件擦拭干净,根据被测对象选择表面粗糙度样板。

表面粗糙度样板工作面的表面粗糙度特征要与被检测表面的表面粗糙度特征相同,表面粗糙度样板的材质要与被检测零件的材质相同,表面粗糙度样板工作面的加工方法应与被检测表面的加工方法相同。

步骤三 检测零件各部位尺寸。

检测零件尺寸公差和几何公差。

完成尺寸公差等级代号前基本尺寸的填写,查表得出极限偏差,并在图样(图5.5.1)中表达出来。

步骤四 完成图样(图5.5.1)中几何公差标注。

用形位公差的框格表示 E 外圆圆度公差 0.03 mm,并在图样(图5.5.1)中表达出来。

用形位公差的框格表示梯形螺纹中径对 E 外圆的同轴度公差 $\phi 0.015$ mm,并在图样(图5.5.1)中表达出来。

步骤五 完成图样(图5.5.1)中技术要求标注,包括未注表面粗糙度、零件材质、未注尺寸及热处理工艺判定。

5.5.5　任务评价

完成检测工作后,结合测评表(表 5.5.1)进行自评,对出现的问题查找原因,并提出改进措施。

表 5.5.1　测评表

评价内容	测评标准	自评结果	判定结果	教师测评
	10			
	5			
	5			
	5			
	5			
	5			
	5			
	10			
	20			
	10			
	15			
文明操作	10			
最终得分				

说明:

(1)检测过程中,操作不当、不规范,扣 10 分;

(2)操作过程中出现不文明生产行为,根据情况扣 5~10 分;

(3)尺寸检测不正确,扣 5 分;

(4)不符合 6S 管理要求,根据情况扣分。

补全图样如图 5.5.2 所示,供参考。

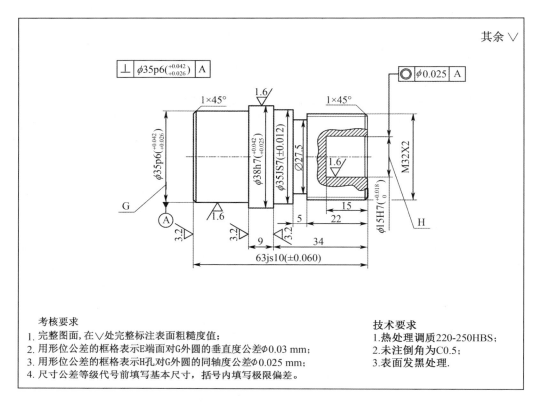

其余 ∨

考核要求
1. 完整图面, 在 ∨ 处完整标注表面粗糙度值;
2. 用形位公差的框格表示E端面对G外圆的垂直度公差φ0.03 mm;
3. 用形位公差的框格表示H孔对G外圆的同轴度公差φ0.025 mm;
4. 尺寸公差等级代号前填写基本尺寸, 括号内填写极限偏差。

技术要求
1. 热处理调质220-250HBS;
2. 未注倒角为C0.5;
3. 表面发黑处理.

图 5.5.2 补全图样